献辞

本书献给梅根。我的第一只小型羊毛毡
针毡仿真狗因你而生。

羊毛毡里的萌狗世界

〔英〕盖·巴顿 著
鲲CiCi 译

河南科学技术出版社
·郑州·

致　谢

非常感谢我们最忠实的朋友——凯特，一只白色的卷毛小狗。在我编写本书的过程中，它从始至终陪伴在我身边，还有可爱的蓝铃和露露，它们曾给我带来最初的灵感，虽然它们现在已经离开了我们。

非常感谢我的家人和朋友，他们给了我很大的支持，甚至从旁协助。

克莉丝，谢谢你的安慰，告诉我重复百遍并非浪费时间，而是升华的必经之路。

安德里亚，谢谢你的理解，无论我出现怎样的疏忽你总是包容我。

萨拉–简，谢谢你的鼓舞，每当我被负面情绪占据时，你总能带给我积极向上的力量。

妈妈，谢谢你的鼓励，从小至今，你一直支持着我的手工事业。

感谢我的特别好友，凯茜，教会我很多专业的犬类知识。还有林恩，谢谢你制作的可爱的小围巾。感谢美丽的凯瑟琳・朱伊特，帮我开拓了手工教程出版的新领域。

感谢各位赞助商，提供了本书制作中所需的材料和工具。

感谢World of Wool（羊毛世界），为我提供了理想的填充羊毛，否则我永远不会找到我最爱的南丘羊羊毛（Southdown）。

感谢Wingham Wool Work（温纳姆羊毛产品），为我提供了适于植毛的羊毛和我最喜欢的戳针。

感谢Coats Crafts UK，提供了优质的羊毛线。

感谢Clover Mfg. Co. Ltd Japan（日本可乐公司），提供了非常棒的各种小工具。

最后，还要特别感谢帮助此书顺利出版的各位朋友们：谢谢Search出版社的团队，尤其是罗兹，谢谢你对我的充分信任，给我自由发挥的空间。还有埃德，谢谢你出色的编辑能力，令我倍感安心。保罗，谢谢你耐心细致地拍摄了如此繁多的照片，在工作中，总是用你的幽默带给大家轻松愉快。

非常感谢大家！

盖・巴顿

序

我第一次接触羊毛毡针毡是在当地的一个手工展上，当一位教学演示人员把一根戳针和一团鲜艳的红色羊毛递给我时，我不由得惊叹：仅仅用一根戳针，就可以将柔软的羊毛塑造成各种形状。很快，我便购买了羊毛材料和戳针，在家中实践我的新爱好。为了不断提高针毡技术，我开始尝试着制作小狗并尽力使它们看起来真实。通过反复练习，我的针毡技术迅速提高，甚至可以塑造出各种微小的细节形态。我尝试着用黏土制作出各种颜色、型号的狗的眼睛和鼻子，这些配件可以和羊毛毡狗狗完美匹配。比如：睫毛可以让小眼睛变得更加温柔，圆乎乎的爪子加上指甲则更加逼真。总是有太多新的东西需要学习，有太多不同品种的狗狗可以制作，即使缺少一些品种也没有关系。

我有一个藏在衣柜中的盒子，里面放着一些不成型的或未完成的羊毛毡狗狗，它们都在静静地等待着被塑造成完整的作品。羊毛毡最大的好处就是没有浪费：如果你因为把拉布拉多猎犬做得像猎兔犬而不开心，那你干脆就可以把它做成猎兔犬，或者拆掉一些羊毛重新开始！这并不是什么错误，你会从中学到许多，而惊喜往往来自意外。羊毛毡针毡并非是什么精密科学，你会在不断尝试中找到适合自己的方式。正如每一个优秀的艺术家都有着鲜明的个人特色。

本书中的每一个教程都以简明易操作的方式讲述了制作技巧。图片、段落和步骤说明会一步步指导你完成每一只狗狗。在你掌握了制作小型仿真狗的基本技巧后，就可以自由发挥，将狗狗的不同品种、姿态等元素组合创作。

羊毛毡针毡真的是一种非常棒的手工，从技术上讲，并非特别困难，从材质上讲，也非特别昂贵。所需的材料和工具均可收纳在一个小袋子中，方便随身携带。本书会引领你制作完成属于自己的羊毛毡针毡仿真狗，一起来尝试吧！

Enjoy!

作者简介：

盖·巴顿是一位擅长以羊毛毡、黏土等材质进行塑形创作的艺术家。思维活跃的她非常喜欢动物，自从她用家中的宠物狗的狗毛制作出第一只针毡小狗后，她便不断拓展，用羊毛、丝及其他纤维创作出了各种形形色色、惟妙惟肖的动物。她的羊毛毡针毡宠物狗被世界各地的爱好者们收集，她也为相关手工杂志撰写了大量文章。盖有一间坐落于海边的工作室，她在此开设手作讲习班，她的各种教学演示传遍全英国。

目录

英国可卡犬

拉布拉多猎犬

西施犬

博德猎狐犬

标准贵宾犬

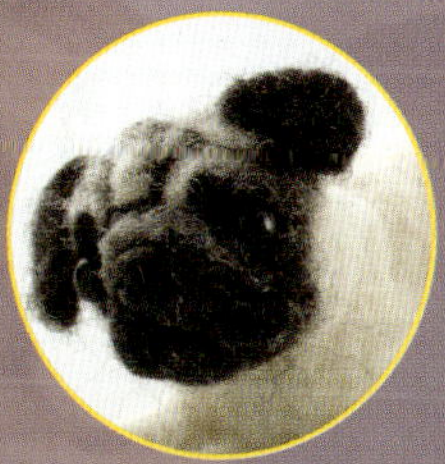

哈巴狗

材料和工具

认识羊毛

羊毛的种类很多，其中大多数都适合做针毡，但很显然，总有一些是更适合的。商家通常会提供一些产品说明，比如羊毛的颜色、触感及纤维长度。需要注意的是，当你看到“此羊毛适合手工制作”的描述时，在本书中所指的是，相对于针毡，此种羊毛更适合湿毡。

挑选羊毛的理由多种多样：价格、品相、触感以及羊毛毡化的速度。对于本书中所制作的小型仿真狗，我建议大家使用粗纺羊毛条，由于它们的制作规格统一，便于从中分取出所需的用量，进行混色时，也容易计算出不同颜色的配比。

为了更好地帮助大家选择合适的羊毛，首先，我们必须了解制作羊毛毡仿真狗所需要的两种基本羊毛：内部塑形羊毛（core wool）和外部植毛羊毛（top coat wool）。

内部塑形羊毛

狗狗基本结构的制作被称作“塑形”，虽然制作完成后，它被外部植毛所包裹，不能直接看到，但是塑形非常重要，决定着狗狗的形态。能够快速毡化的羊毛是针毡塑形的首选材料。它需要有相同的制作规格，任何打结和结块都不利于制作微小的羊毛毡针毡作品。可以借助手指梳理羊毛并使作品光洁。选择毡化后仍然富有弹性并易于弯曲的羊毛优于毡化后僵直发硬的羊毛。在缠绕铁丝时容易滑落的带有光泽的羊毛不是理想的内部塑形羊毛，要选择具有良好卷曲度、短纤维的羊毛。

通过不计其数的戳刺和对不同种类羊毛的使用，最终，我选出了三种最适宜的内部塑形羊毛，它们均为粗纺羊毛条，分别是：南丘羊羊毛（Southdown）、白面林地羊羊毛（white faced woodland ）以及多塞特角羊羊毛（Dorset horn）。这三种羊毛都是我在不经意间使用到的，之前我对它们一无所知。我喜欢戳针刺过卷曲的、短纤维的羊毛后快速毡化的感觉。我也喜欢羊毛在毡化后，抚摸起来微微的粗糙感，非常适合在表面进行植毛。如果内部塑形羊毛的颜色、质感和所要模仿的狗狗十分接近，则可以从内至外都使用同一种羊毛。如果所做的羊毛毡仿真狗很小，用其他方法难以制作，全部使用内部塑形羊毛也是一种非常好的选择。

外部植毛羊毛

制作羊毛毡仿真狗外部毛发的过程叫作“植毛”，重现狗狗的毛色和质感是一件非常有趣同时又充满挑战的事情。为了使作品逼真，选择合适质感的羊毛，将不同颜色的羊毛按恰当的比例进行混色，这一步骤至关重要。请大胆尝试各种不同的纤维，直到它接近理想状态，然后用戳针将其与内部形体毡化在一起。

现实中有特别多的外部植毛羊毛可供选择，只需要一些耐心，便可以制作出逼真的毛发。如果纤维很难戳刺到内部塑形的躯体上，则可加入同色的羊毛，用羊毛刷将二者混合均匀。当需要的外部植毛毛量较少时，羊毛线也是一种非常有用的材料。可以用手指或铁丝爪子将其拆散并使其变得粗糙。羊毛线有时能够做出意想不到的效果，比如58—71页的西施犬教程，就使用了厚厚的羊毛线来做外部毛发。你甚至可以将家里宠物掉落的毛发和其他材质进行混合使用。

可以用来做外部植毛的羊毛纱和细羊毛线。

下页图

各种颜色的高支羊毛条。

羊毛词汇表

羊毛（fleece）从羊身上剪下后，采用不同的加工方法进行处理，可以使羊毛呈现出各种样态。下面这些可能有助于你了解一些常用词语。对于判断一种羊毛是否适合针毡，我也有些建议，当你在选择羊毛时，记住羊毛是从哪一种类的羊身上获得的，这可能会影响到你将要制作的作品。

- **絮片**：柔软的羊毛薄片，样子有点像绗缝被子所用的棉片。絮片是梳理机器制作成的，有各种尺寸，整齐地卷成捆。絮片的纤维走向杂乱无章，这使得絮片非常适合针毡。
- **小絮片**：和絮片类似，尺寸较小，可以用羊毛刷手工制作。
- **毛粒**：在羊毛的梳理过程中产生的一些打结的废料叫作毛粒。它可以增加一些与众不同的质感和细节。毛粒在湿毡的使用中更加普遍。
- **水洗短毛**：短纤维是精梳毛条的副产品；它可以用来针毡，但并不是一种好的选择。
- **混毛**：是被卷成柔软的香肠形状的小絮片，它的主要用途是纺羊毛线。
- **粗纺毛条**：这一类型的羊毛为羊毛毡针毡者所喜爱。粗纺毛条和羊毛絮片有些相似，纤维的朝向都是杂乱无章的。这个名词同时也指另外一种轻纺的纱线。这可能会造成混淆。
- **粗纺毛线**：通过拉长和扭转这一步骤使羊毛变成羊毛线。在针毡中可以根据需要将松散的扭转拆开。
- **丝光毛**：丝光毛比絮片在梳理过程中要多一步，丝光毛同时含有长、短纤维，非常适合针毡。
- **高支羊毛条**：羊毛条经过最初的梳理和精细梳理，在此过程中，所有的短纤维被提取出来。精梳使羊毛成为毛条，所有的纤维走向一致。羊毛条应用广泛，因为它的可塑性非常强而且有众多的颜色可供挑选。羊毛条是羊毛毡针毡者常用的材料。在经过手指的整理或者羊毛刷的梳理后，针毡会进行得更加顺利。

戳针和工作垫

戳针的顶端十分尖锐，可以很容易地戳刺各种纤维，同时尖端有很多锋利的倒钩，在戳刺过程中，倒钩可以钩住羊毛鳞片并将它们纠结在一起，从而使羊毛毡化。

戳针根据粗细和形状不同进行分类。所谓粗细指的是戳针的直径，型号越大表示戳针越细；反之，戳针越粗，且倒钩越大。粗针可以使羊毛快速毡化，但是一些纤细的纤维进行细致的塑形时，细针更为合适。通常，我们用粗针进行最初的塑形工作，最后使用细针精修作品。

戳针的形状，指的是针的横截面，一般分为三角形（T）和星形（S）两种。我们使用的戳针大部分横截面都是三角形，有三条棱。星针则有四条棱，可以让羊毛更快速地毡化。

工作垫作为羊毛和桌面之间的缓冲，用来保护戳针针头，使其不会因为撞击到桌面而折断。你可以购买羊毛毡专用的高密度海绵垫，也可以选择一些替代品。厨房用的清洁海绵非常适合于小型作品，也可用海绵椅垫或者泡沫垫作为工作垫。

戳针使用指南

- 通常，针毡过程是：初期使用标准戳针快速毡化成型，然后使用细针继续戳刺，慢慢修饰到合适的形状。
- 用标准戳针来连接各个部分。
- 最后用细针精修作品，完成一些细节工作，如果你使用的羊毛非常纤细，请在整个过程中使用细针。

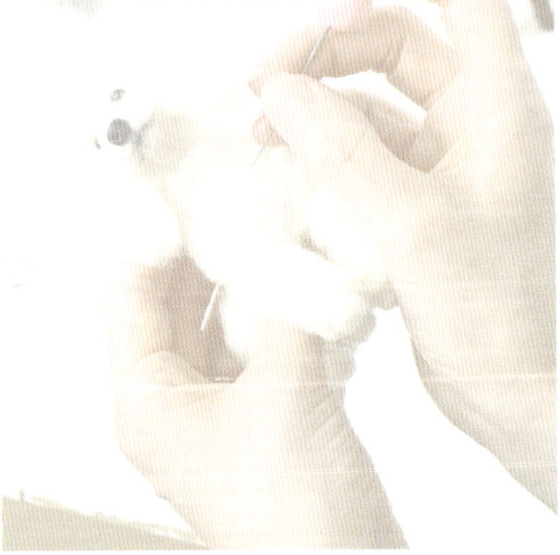

根据想要完成的作品选择合适的戳针

完成本书教程中的羊毛毡针毡仿真狗需要用到三种类型的戳针：两种毡化戳针和一种反向戳针。下面会详细介绍每一种戳针，左下方的“戳针使用指南”会告诉你如何操作，以及在什么情况下该使用哪一种戳针。当然，你也可以有其他的选择，比如：有的羊毛毡手作者喜欢使用一根戳针，有的则喜欢某一型号的戳针，如果你也有类似的情况，那么请选择你用起来最顺手的戳针。

标准戳针

本书中所指的标准戳针，是一种适合各种羊毛的多用途戳针，它比细针更粗更结实，不容易折断。对于初学者来说，在戳刺有金属支架的躯体和连接各部分时使用此针最为合适。我通常选择型号为36T的戳针，它可以深入戳刺，使羊毛快速毡化成型，是制作初期的理想选择。

细针

本书中所指的细针，能够将羊毛毡化得更加紧实，并且易于塑造一些微小的部分。如果你使用的纤维非常纤细，则可以从头到尾都使用细针；如果纤维较粗，先用标准戳针戳刺出形状，再用细针精修则更为快速。细针很适合修饰表面的纤维，让作品更加光滑细致。但是细针非常容易折断，使用时请小心。型号为38S的星针是我的首选，因为星针比普通三角形戳针多一条棱，这意味着它可以使羊毛更快速地毡化。相比标准戳针，细针的倒钩集中于顶部，所以细针更适合进行表面戳刺。另外一个不错的选择是型号为40T的戳针。

反向戳针

反向戳针的倒钩方向向上，它把纤维向外拉扯而不是向内，除此之外，它的使用情况与标准戳针类似。本书中使用反向戳针是为了做出一些特殊的效果，比如博德猎狐犬表面的细毛，腿或者尾巴边缘的毛，或者哈巴狗脸上的褶皱。我选择型号为32的反向戳针来制作书中的部分狗狗，还用一种型号为40的反向戳针制作另一部分的狗狗，40号戳针拉扯出的毛量要少一些。

提示

因为戳针会折断或者磨损，请多准备一些。通常，大批量购买会更加便宜。没有什么比作品做到一半时将最后一只戳针折断而更加糟糕的事情了。

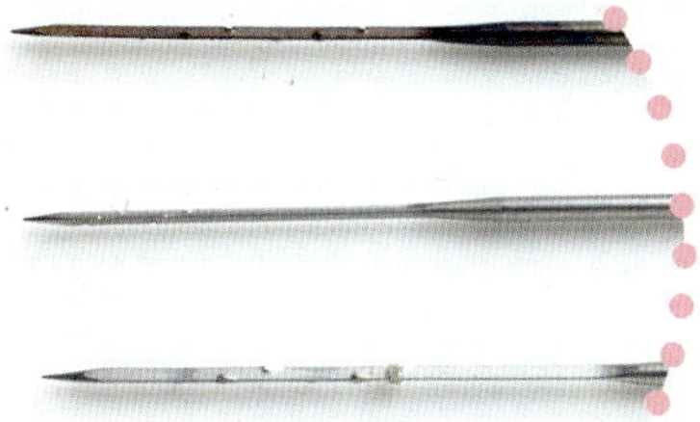

戳针图示：从上到下依次是标准戳针、细针、反向戳针。

戳在海绵垫中的戳针。通常我会用彩色纸条或者羊毛毡缠绕在戳针尾端来标记不同型号的戳针，以方便在工作中使用。

其他材料和工具

羊毛刷 羊毛刷上有很多细金属钉，两只一起使用，可以用来梳理羊毛或者将不同颜色的羊毛进行混色。

珠子 黑色珠子可以用来做眼睛。

刺绣针 这种针有着细细的针尖，针孔很大。在毛毡中用于制作孔和凹口，或拨动和挑出羊毛。它可以同时穿入很多股线，是缝合眼睛必不可少的工具。

串珠针 串珠针可以将双股线穿入很小的珠孔。

扭棒 它们是制作狗狗支架的合适材料，表面的绒毛可以和羊毛紧密结合，比光滑的铁丝支架好用很多。

结实的刺绣线 任何颜色的线都可以，因为它会被粘到黏土眼睛的后部，不会被看到。

结实的黑色缝纫线 用来缝眼珠。

丝 我用丝来制作狗狗的仿真爪子，丝也可以让长毛狗狗的毛发更有光泽。

黏土和瓷砖 你需要一块瓷砖或者其他光滑、平坦、耐热的平面来塑造黏土，并用烤箱烘烤使黏土硬化。在本书的教程中，你需要用白色黏土做眼睛，黑色黏土做鼻子。如果你想成批地制作鼻子，尝试棕色和肤色黏土也是不错的主意。

珠针 珠针可以用来标记眼睛的位置，即便插入羊毛，也可以轻易地被看到。

胶水 白胶是用来给狗狗的指甲尖定型的（见110页）；速粘白胶用来黏合鼻子，强力胶也是用来粘黏土的。

丙烯颜料和小画笔 我用下面的颜色来画软陶眼睛：马尔斯黑色、生褐色以及镉黄色。

上光漆 将上光漆涂在自制的黏土眼睛上。

铁丝爪和清理工具 我用铁丝爪来拆解羊毛线，初学者还会发现铁丝爪对于固定小部件非常有用。

牙签 羊毛缠绕在牙签上制作一些微小的圆柱体，还可以用来将颜料压在黏土眼睛上。

钻头 一支2 mm的钻头，在黏土眼睛的背面钻洞。

细砂纸 用来打磨黏土制作的眼睛和鼻子，当然，也可以选用指甲锉。

胶带和卡片 这些材料用来制作一个黏性板，可帮助固定处于制作过程中的眼睛。

描图纸 如果你没有复印机，可以使用描图纸和铅笔来制作耳朵模板。

笔、钳子和剪钳 它们分别用作标记、扭弯和剪断扭棒。

细木棍 烤肉的串肉扦就可以，用来缠绕羊毛。

剪刀 优质的美容剪可以很好地修剪狗狗的外部毛发。普通的剪刀用来做其他的剪裁作业。

短袜、碎石子和棉片 一只灰色短袜，装入碎石子增重，这是西施犬的基础部分（教程见58—71页）。1.5 cm厚的棉片用来做装碎石子的袋子。

尺子 直尺或者卷尺，用来测量羊毛线的长度。.

底部凹陷的压制工具 一个底部凹陷的压制工具可以压出半球形的软陶眼睛，是手工制作眼睛的完美工具。

Sharpie
Permanent Marker
SYLKO
BLACK
Heavy Body
618

制作技巧

羊毛有自己的形态，通过学习一些制作技巧可以对羊毛进行重塑。下面将会讲解制作中的基本技巧，如分取适量的羊毛，把羊毛塑造成羊毛毡片、圆球或者圆柱形等。只需要一些耐心和细致的操作，羊毛就可以被塑造成你所希望的任何形状。下面将要展示给大家的是羊毛毡仿真狗。

准备工作

下面要讲解的是如何正确地分取适量的羊毛，这是针毡之前必不可少的准备工作。

分取羊毛：拉扯和堆叠

这一技巧的目的是使羊毛变短，对于长的羊毛条来说这是分取的第一个步骤。这一方法同样可以用来进行羊毛混色。

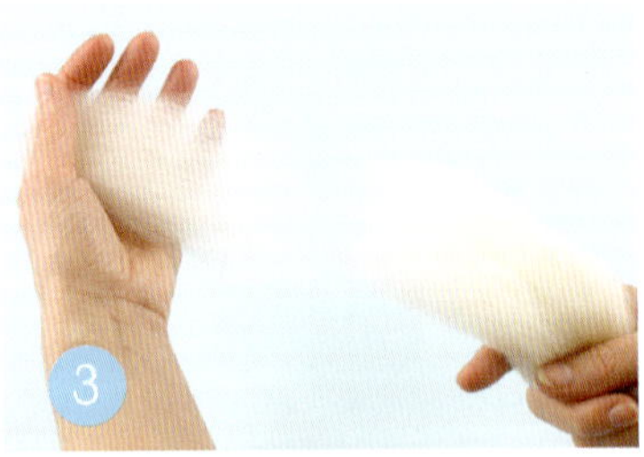

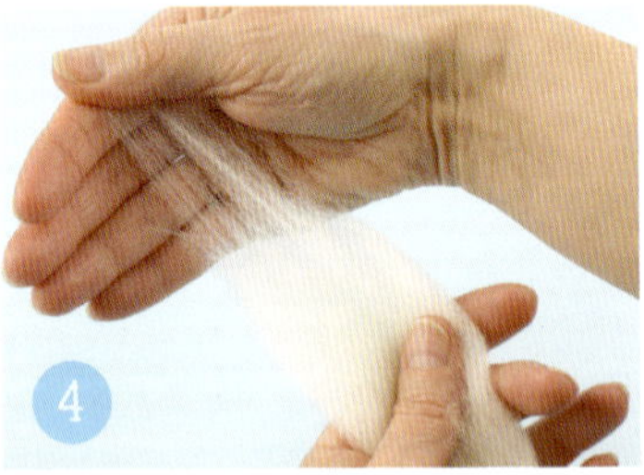

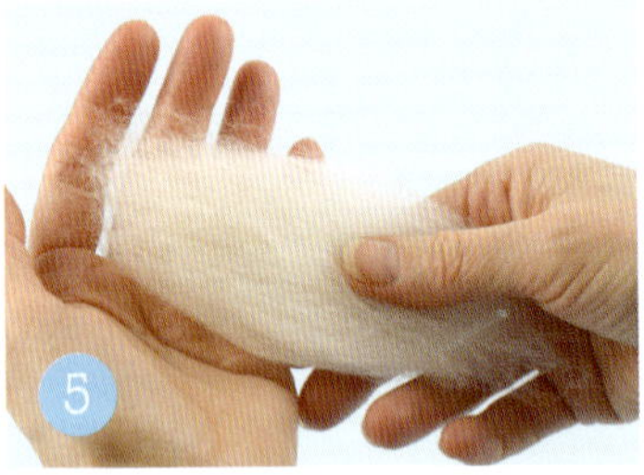

1 如图所示：用右手紧握羊毛条根部，留出15 cm的长度，然后用左手抓住羊毛条的顶端，轻轻拉伸。

2 左手用力拉羊毛条的顶端，扯下一缕羊毛。

3 重复上述动作三四次，直到手中大约有一把的羊毛量，而此时这些羊毛长短不一。

4 将这一把羊毛握在手中，从顶端将长的羊毛扯出。

5 将扯出的羊毛放入手中，不断地重复此动作直到羊毛长短均匀。

分取羊毛：搓揉

这一技巧是从拉扯和堆叠中延伸出来的，目的是塑造和调节羊毛的长度，分取到1个单位量的羊毛。

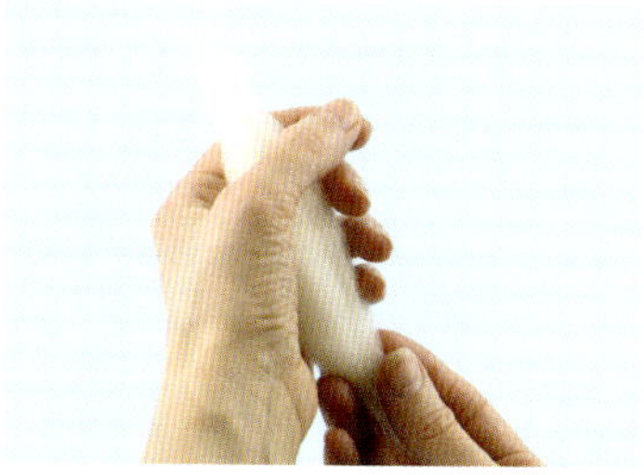

1 捏住一把羊毛的一端，如16页中所述，不断拉扯和堆叠。用另外一只手轻揉，将它搓揉成圆柱形。如果发现有打结或者块状羊毛，把它们剔除，如果需要进一步理顺羊毛，可以重复上面的步骤。

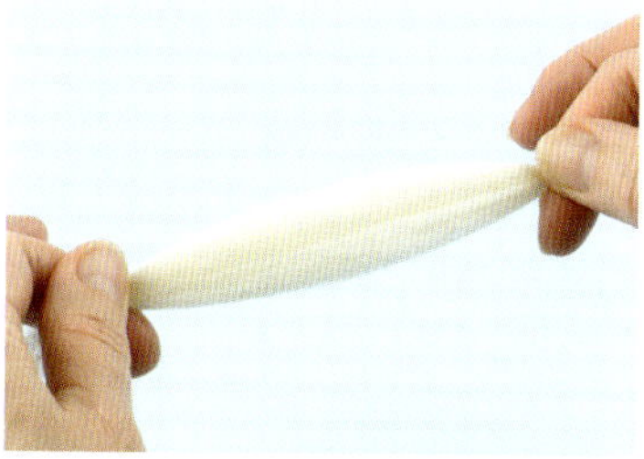

2 如图所示，捏住羊毛的两端，进行搓揉，使其形似纺锤。如果羊毛过长，可以通过重复拉扯和堆叠的动作，使羊毛变短。

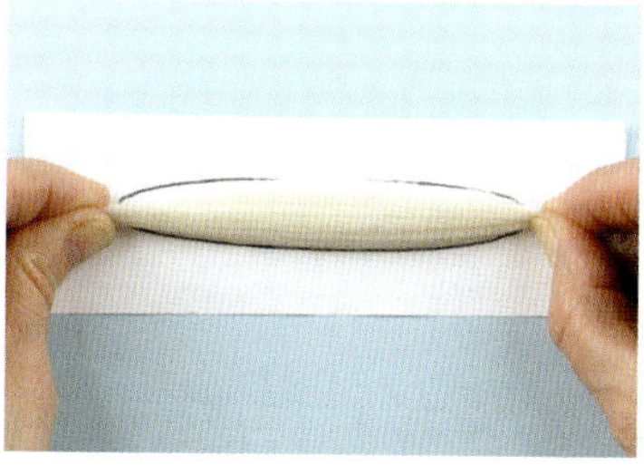

3 将搓揉好的圆柱形羊毛置于单位模板（见下图）上，确保羊毛的两端在图示模板的两条线之间，而且羊毛的边缘贴合模板的弧线。这样便可以分取到1个单位量的羊毛。

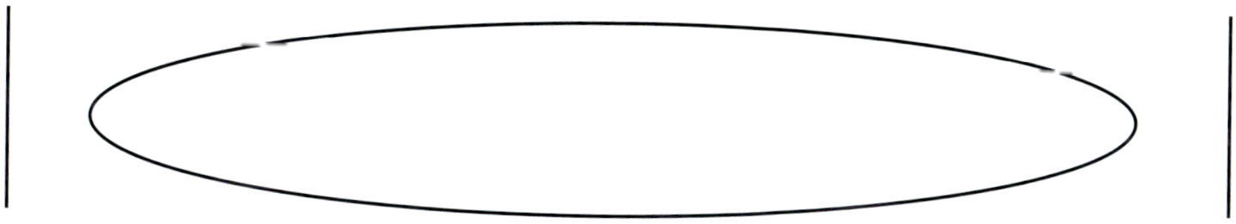

羊毛的单位模板

请翻到21页，可以清楚地看到依据此模板所分取的不同单位量的羊毛。

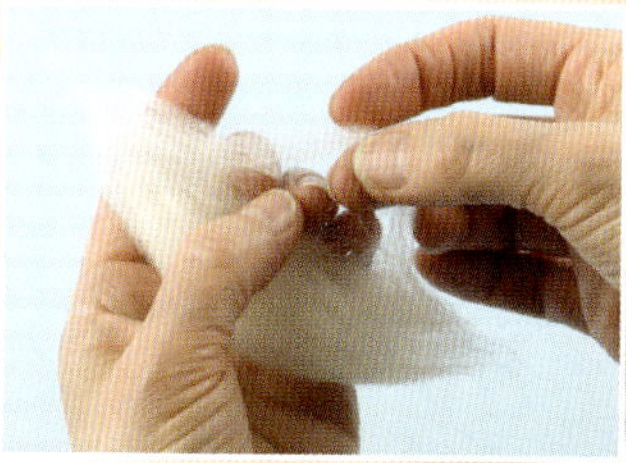

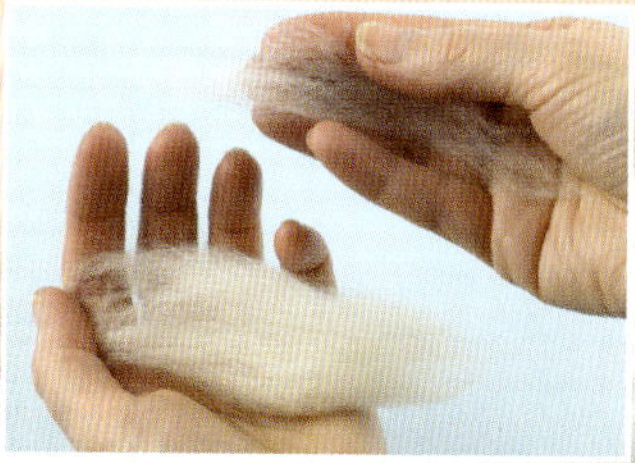

如何准确地获得单位量的羊毛

如果手里的羊毛量太多，你可以顺着纤维的走向，从任何一端拉扯出一缕（见左图），或者从你想去除的含有结块的一端，把取出的羊毛放置在一边，然后用拉扯和堆叠的方法处理剩下的羊毛。如果羊毛量不够，取一小撮羊毛叠在上面（见右图），继续用拉扯和堆叠的方法将手中的羊毛调整为光滑的圆柱形。

制作一个羊毛毡网

羊毛毡网非常轻薄，可以将羊毛毡网针毡到另一个羊毛毡网表层，用以混合或者淡化颜色，或者修补瑕疵。

1 如图所示：取出少量的羊毛，从中间轻柔地把羊毛拉扯开。

2 继续轻柔地拉扯羊毛，把它梳理成一个薄薄的、形似蜘蛛网的羊毛毡网。

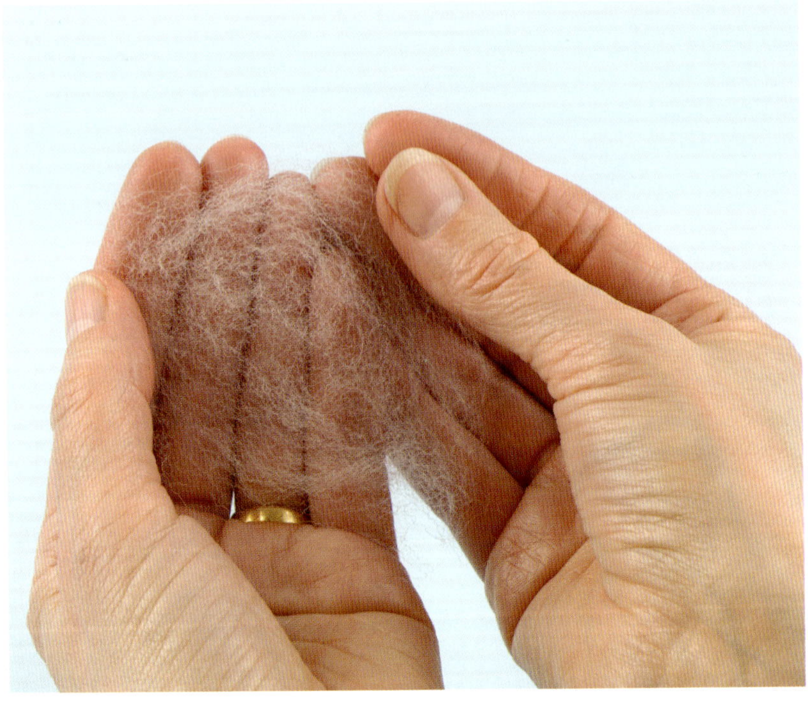

制作一条羊毛毡线

熟练地制作羊毛毡线是非常有用的技巧，它可以使作品减少毛糙感，提高精细度。

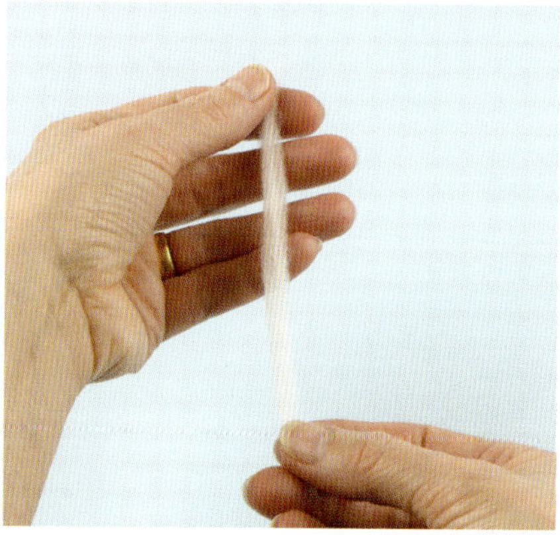

1 取出少量的羊毛，轻柔地将它拉扯成长条。

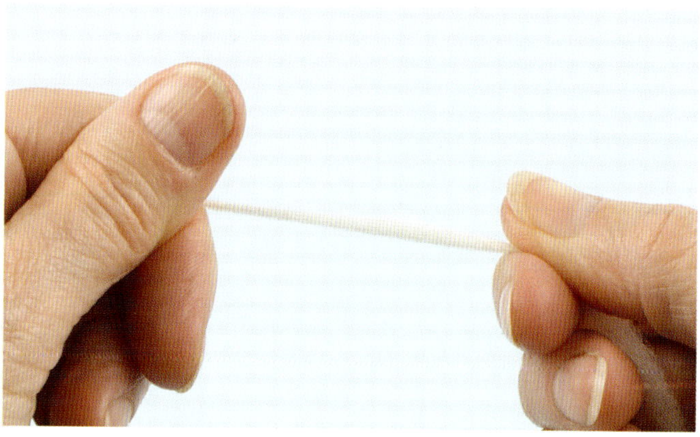

2 用手指搓长条的羊毛，从长条中部开始，慢慢向外移动。

3 用手指一直搓到长条的末端，一条细长的羊毛毡线便制作完成。

如何精确地分取羊毛

精确地分取羊毛对于制作大小合适、比例协调的羊毛毡仿真狗非常重要。将调整好的单位量的羊毛并排放在不同颜色的布料上面，这样就能很轻易地分辨出略大或者略小的那一个。布料最好有纹理、表面粗糙，摩擦阻力便于将羊毛固定在相应位置上。

1 为了获得1/2单位量的羊毛，首先按照16—17页中的步骤制作出1个单位量的羊毛，然后通过目测，将其轻轻拉扯开。最后，搓揉并且重塑形状。

2 如果所分开的两份1/2单位量的羊毛有微量差异，从较多量的羊毛中轻柔地拉扯出一缕，将取出的羊毛一分为二，通过拉扯和堆叠的方法分别与另外两份羊毛混合，直到二者看起来毛量相当。

3 如果想要获取更少量的羊毛，可以不断重复上述操作。如图所示，将1/2单位量的羊毛一分为二，则会得到1/4单位量的羊毛。你可以一直重复，直到获得1/16单位量的羊毛，一般来说，这将是你所用到的最小单位量。在分取的每一步都需要用到拉扯和堆叠的技巧，要让羊毛保持形状而不仅仅是随便把它们分开。

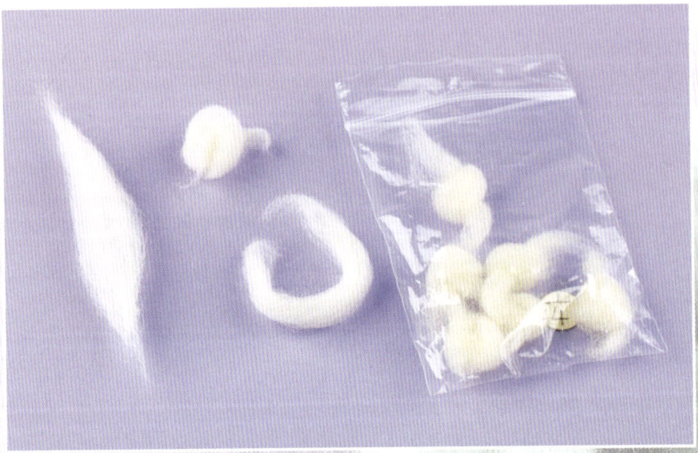

羊毛的准备工作

提前准备好各种单位量的羊毛，不仅可以节约制作时间，还可以保持制作的连贯性。记住要在袋子上标出羊毛的种类（例如：南丘羊羊毛）和羊毛量（例如：1个单位量）。为了节省空间并同时保持每种单位量的羊毛彼此分离，可以将羊毛松松地打一个结。打结会让羊毛压缩在一起，所以应在使用前将结解开，让羊毛恢复蓬松的状态。

在本书教程中，你会用到的主要几种单位量的羊毛，
图片按真实大小显示。

针毡技法

如何使用戳针

戳针的使用需要一些技巧，否则有可能会折断针或者伤到人。戳针刺入和抽出的角度必须保持一致，当戳针深刺时，如果受到侧面的压力，则戳针顶部可能会折断。

戳针的倒钩一般都集中在顶端或者工作棱上，所以没有必要刺入超过2 cm的深度。

用你的大拇指和食指捏住戳针，用中指顶在戳针的工作区域上方，如图所示。这个姿势可以保证戳针的顶端不会受到来自侧面的压力，使戳刺顺利进行。

如何针毡出扁平形状

针毡出扁平的形状是制作耳朵必不可少的技巧，也是羊毛毡针毡的核心技巧。

1 将1个单位量的羊毛平放在工作垫上，用戳针进行戳刺，要戳透羊毛。

2 确保戳针刺入和抽出的角度一致，避免因受到侧面压力而折断。

3 重复上述动作，快速戳刺，覆盖到整片羊毛，要刺透羊毛，这是制作扁平形状的核心步骤。此过程称为扁平戳刺。

4 在戳刺的过程中，羊毛会和工作垫毡化在一起，所以需要每隔几分钟便把羊毛轻轻地取下，翻面继续进行戳刺。

5 为了将扁平形状的羊毛边缘制作整齐，可以浅浅地戳刺边缘，把蓬松的纤维戳刺到羊毛中去。这叫平行戳刺。

6 随着反复地戳刺，羊毛会毡化在一起并且越来越紧实，形状也随之渐渐变小，直到你需要的大小。

针毡好的扁平圆形，使用了扁平戳刺和平行戳刺两种方法。

如何针毡出立体形状

学会制作简单的立体形状是立体针毡造型艺术的基本技能。

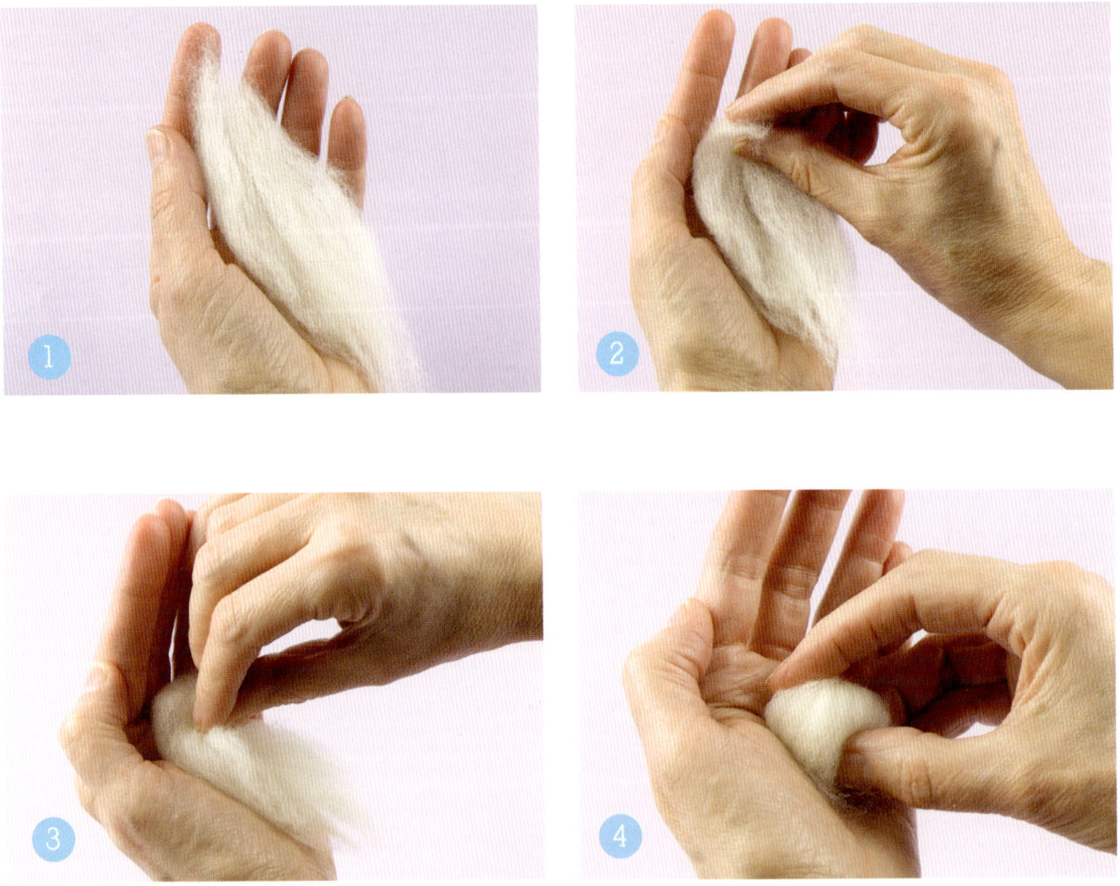

1 将1个单位量的羊毛放置于左手掌心之中。

2 用右手捏住羊毛条的上端，慢慢地向内卷，一直卷到左手手掌中心。

3 将左手拢成杯状，把两边的羊毛向中间捏，然后继续向内卷。

4 直到最后在掌心中卷成一个蓬松的羊毛球。

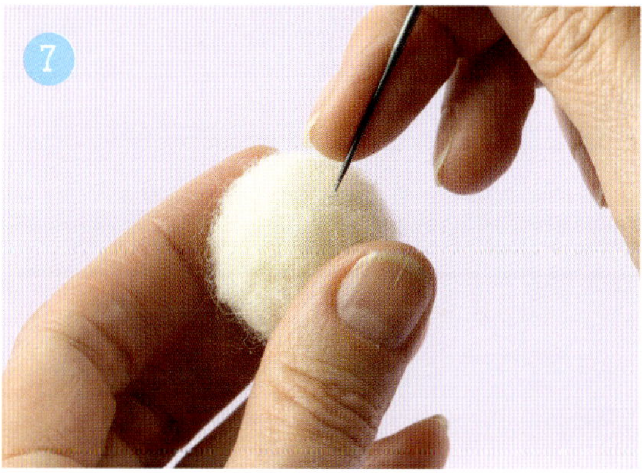

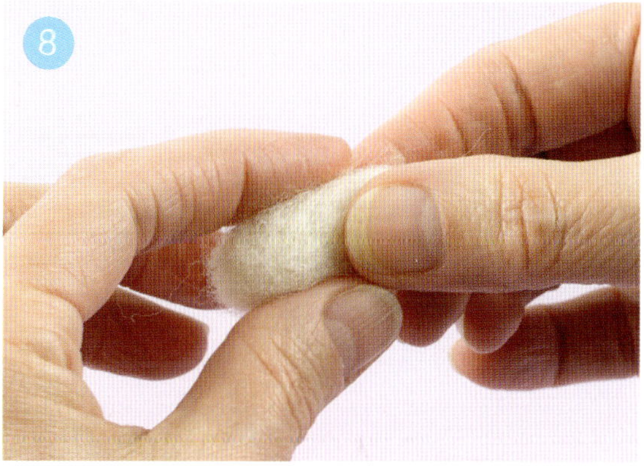

5 将蓬松的羊毛球放置于海绵工作垫上，用标准针戳刺羊毛球，注意戳刺不要穿透羊毛球。

6 转动羊毛球，从各个角度均匀戳刺。

7 随着羊毛逐渐毡化，球变得紧实起来，你可以选择把羊毛球捏在指尖进行戳刺。注意不要戳到手指。

8 在羊毛球蓬松并富有弹性的时候，你可以选择把它塑造成一个紧实的球形或者其他形状，比如胶囊形状。

9 一直戳刺直到它变得相当紧实，判断标准是：用手指捏羊毛毡作品，松开时，作品立即恢复原样。

借助细木棍进行针毡

这一技能用来制作羊毛毡仿真狗的四肢、尾巴以及其他相似的形状。如果最后做出的羊毛毡圆柱条比实际需要的短，可以用手指搓揉使其变长一些；如果情况相反，则可用细针继续针毡，使其变短一些。

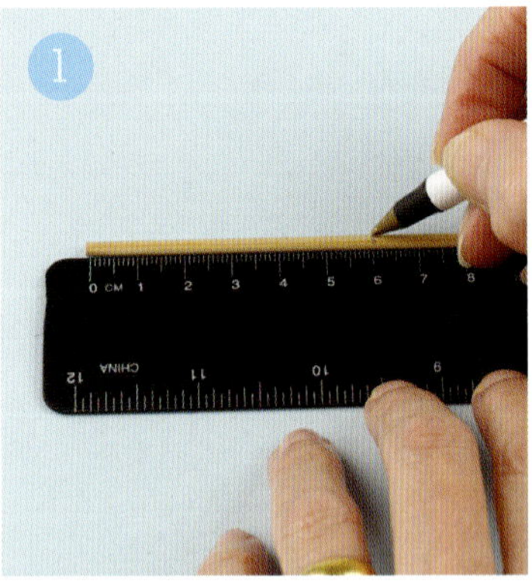

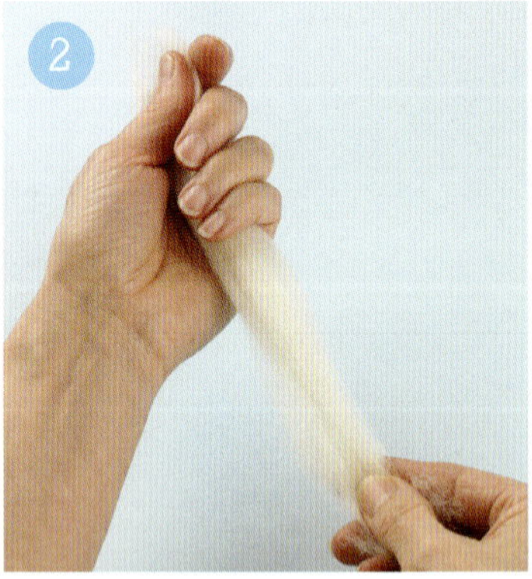

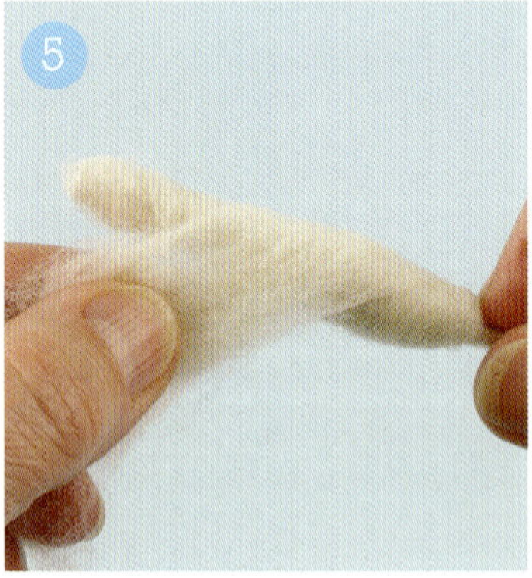

1 首先，用笔在木棍上标记出所需要的长度。例如：我们要制作一个6 cm长的羊毛毡圆柱条，用笔在木棍的6 cm处标记一整圈。

2 取出一些羊毛，先不用考虑长度是否能够达到目标，因为很难一次就能恰好取出你所需要的量。

3 用手指将羊毛和木棍底端固定在一起，开始顺着木棍缠绕羊毛，注意要保持缠绕的方向一致。

4 均匀地缠绕羊毛，直到标记线处。

5 一旦达到标记线，将未缠绕的羊毛保持原方向回缠，直到全部羊毛都缠绕好。

6 用手指扭转缠好的羊毛棒，使羊毛更加均匀、顺滑。

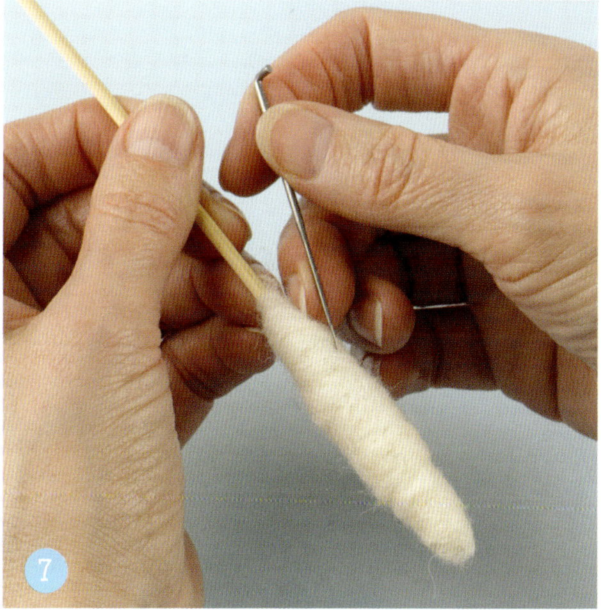

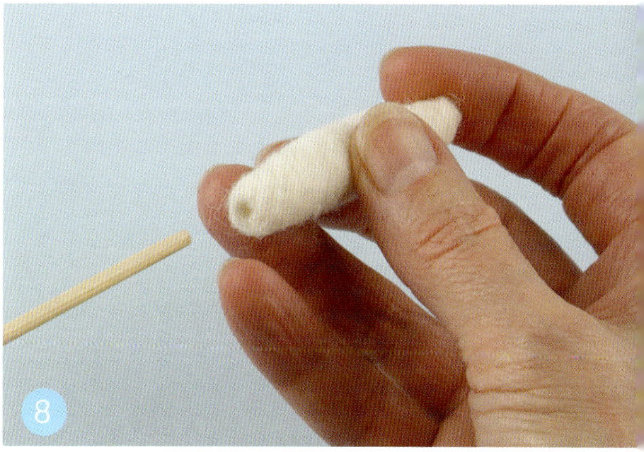

7 用细针戳刺木棍上缠绕的羊毛，不断变换角度，保持羊毛在标记的长度之内，从头到尾均匀戳刺。

8 当羊毛毡化、紧实后，将木棍抽出。

9 将标准戳针顺着木棍留下的孔插入，在内部进行戳刺，以保证不走形。

10 当羊毛棒毡化、紧实后，将它放在木棍或尺子旁比对，确保长度准确。

其他技能

如何连接各部分

先制作完成羊毛毡仿真狗的各个部分，然后再组合成整体。连接的技巧便是将身体各个部分准确无误地组合起来。下面我将用两种不同的颜色进行演示。

连接完成后，挑出羊毛的部分与另一个造型毡化，已看不出任何痕迹。

1 按照24—25页的教程，准备好两个立体羊毛毡造型。以球形和胶囊状的羊毛毡造型为例，你可以选择自己喜欢的任何两种造型。

2 用刺绣针从一个羊毛毡造型的一端挑出一些松散的羊毛（通常情况下挑选二者中较小的进行此操作，当然也并非一定要如此）。

3 把羊毛挑松的一端放置在另外一个羊毛毡造型需要连接的地方，然后用戳针快速戳刺使二者毡化在一起。

如何修补痕迹

18页中所示的羊毛毡网可以用来填补缺口或者覆盖孔洞、缝隙等瑕疵。

1 在缺口的附近用刺绣针挑出一些蓬松的羊毛。

2 用一块同样颜色的羊毛毡网覆盖缺口，然后用细针戳刺。

毡化后，缺口便会隐藏，看不出来。

如何混色

通过梳理，可以得到不同颜色、色调柔和的羊毛。美丽的渐变色可以通过混合浅色和深色的羊毛来实现。如果你没有羊毛刷，可以运用拉扯和堆叠的技巧（见16页）来进行混色，也可以用狗狗的美容刷作为替代品。

1 将两种颜色的羊毛放置在一只羊毛刷上面（如图中左手所握的羊毛刷），目标是一次混出大约1个单位量的羊毛。

2 用右手握住另外一只没有放置羊毛的毛刷，沿同一方向，轻柔地、慢慢地梳理左手羊毛刷上的羊毛，不断重复此动作，彻底地混合两种颜色。

3 在羊毛颜色混合均匀后，用羊毛刷朝之前的反方向进行梳理，用一只刷子的上端将另一只羊毛刷上的羊毛全部剥离。

已混合好的颜色

混色是将两种或多种颜色的羊毛通过羊毛刷的梳理均匀地混合在一起。下面这些已混合好颜色的羊毛是本书制作羊毛毡仿真狗所需要用到的。

木炭灰色

白色美利奴羊毛和黑色美利奴羊毛按1：3的配比混合。

淡香草色

香草色美利奴羊毛和南丘羊羊毛按1：1的配比混合。

4 将混色均匀的羊毛轻柔地团成小絮片（见9页），以备使用。

5 为了使羊毛符合1个单位量的长度，需要对其进行调整，将小絮片握在左手中，轻柔地拉扯和堆叠（方法见16页）。

深褐色

深褐色美利奴羊毛和黑色美利奴羊毛按1:1的配比混合。

米黄色

淡棕色美利奴羊毛和南丘羊羊毛按1:2的配比混合。

制作配件

制作珠子眼睛

在眼睛缝好后，要检查一下，确保珠孔是朝向侧边的。如果珠孔朝外，则需要将刺绣针针尖插入孔内，将珠子调整到正确的方向。

生产商会提供各种各样的珠子。如果眼睛看起来过小，那就尝试大一号的珠子；反之，则需要尝试小一号的珠子，直到选出大小合适的眼睛。

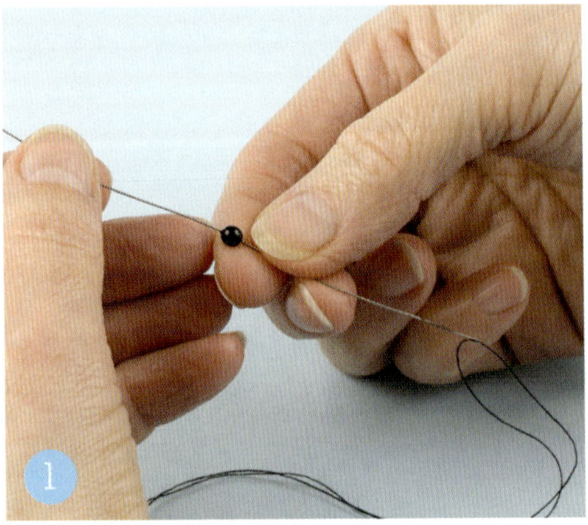

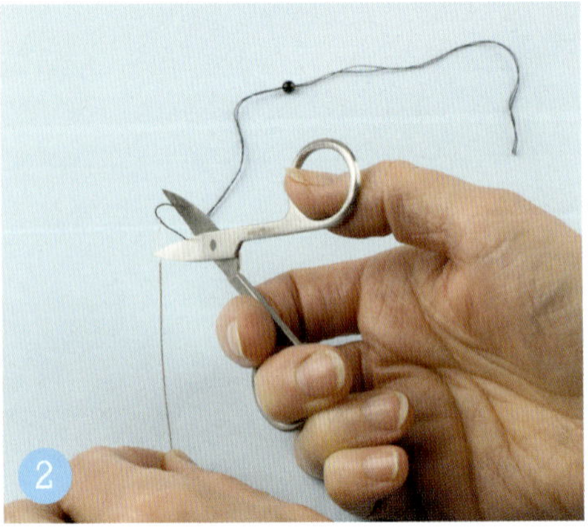

1 将一条40 cm长的线穿入串珠针，线对折，将针穿过珠子。注意线的颜色要与珠子的颜色一致，便于在完成后隐藏线迹。

2 将珠子穿在线中间，用剪刀将一端的线环剪开，这样珠子便处在双股线的中心。注意：如果你使用的线非常结实，单股也是可以的。

3 用珠针在已经做好的头部标记出眼睛的位置，珠针要留在外面多一些，一会儿作为眼睛的珠子将顺着珠针缝到头部。

4 将双股线穿入末端有大孔的刺绣针，将刺绣针顺着一根珠针插入头部，从后脑稍微偏离中心的位置穿出。

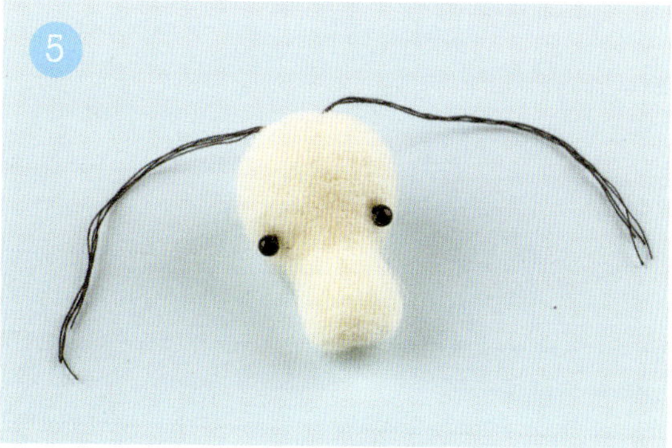

5 把线从后脑拉出，移去刺绣针，用同样的方法缝上另外一只眼睛，确保线从后脑稍微偏离中心的位置穿出。

6 将线拉紧，这样眼睛才能牢牢地贴合在针毡好的头部。由于拉扯过紧，可能会让头部轻微变形，凹陷的眼窝会让眼部看起来更加真实。将从后脑穿出的两条线在中心位置紧紧捆绑起来。

7 将剩余的线穿入刺绣针，将针插回头部，如图所示，尽量靠近其中的一只眼睛。

8 将线拉出，用剪刀剪去多余的线头，这样缝纫眼睛的线便隐藏在了头部之中。用一张羊毛毡网覆盖在后脑缝纫的痕迹上，针毡戳刺，修复痕迹。

安装好眼睛的头部。

制作黏土眼睛

当你准备制作黏土眼睛的时候，建议一次性制作出不同大小的眼睛，这样在制作羊毛毡仿真狗时才会有更多的选择。

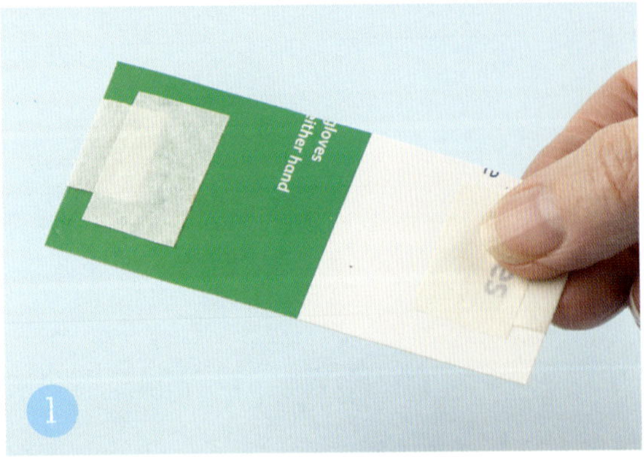

1 剪下一块长方形卡片和一长条胶带，胶带要比卡片长。胶带放在卡片正面，保持胶带有黏性的一面朝上，用另外两小片胶带将长胶带的两端固定在卡片背面。这样便制作出了一个具有黏性的板，在你绘制眼睛的过程中可以把眼睛粘在板上固定。暂时把做好的黏性板放置在一边。

2 将两个由白色黏土制作的小球放在瓷砖上，用底部凹陷的工具制作两个表面呈拱形的圆面。

3 按照说明，将瓷砖和眼睛一起放入烤箱烘烤。烘烤完毕，冷却后，将眼睛从瓷砖上取下，用指甲锉轻轻打磨粗糙的边缘。

4 将眼睛放置在黏性板上，用生褐色和马尔斯黑混合出深色颜料，用小一号的底部凹陷的工具轻轻地蘸上颜料，将其放在眼睛上，轻微转动、抬起，在眼睛上留下深色的一圈，放置一段时间，让颜料充分干燥。

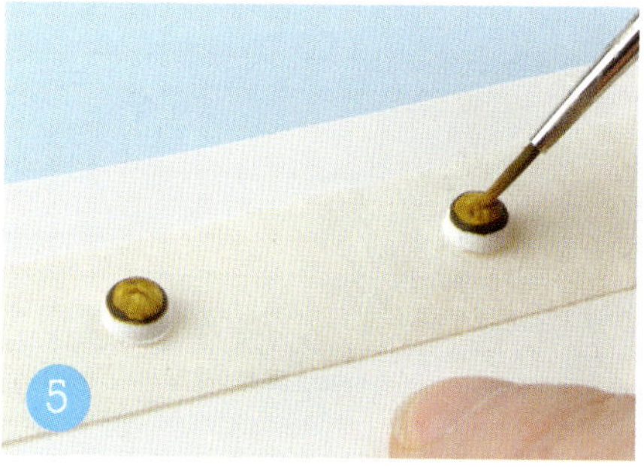

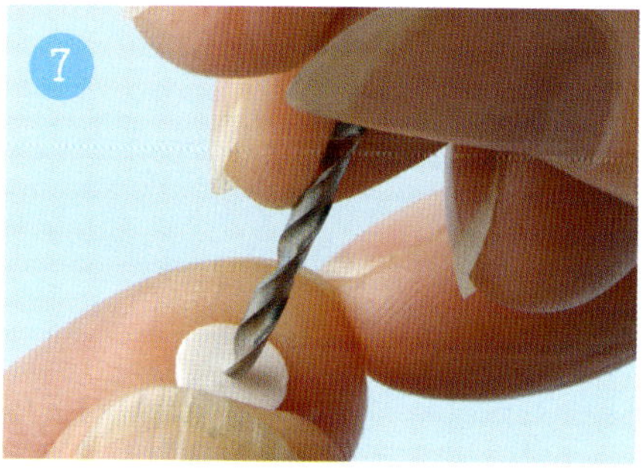

5 将生褐色和镉黄色混合。用小刷子将混合颜料涂在深色圈之内，同样，让颜料干燥。

6 将牙签打磨到合适的大小，用牙签蘸黑色颜料涂抹出中心的眼球。在颜料完全干燥后，在眼睛表面涂抹至少两次上光漆。

7 剪一条20 cm长的缝纫线，在线的中心处打结。用2 mm的钻头在眼睛的背面钻出凹陷，正好可以放入线结。

8 将少量的速粘胶填入凹陷处，将线结放入其中，用针尖固定线结直到胶水凝固。

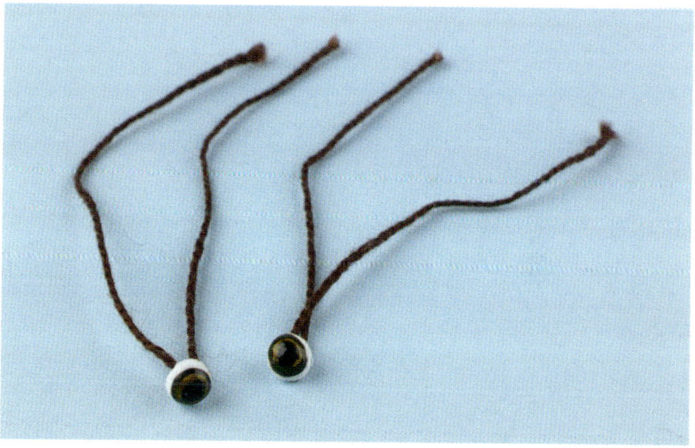

手工制作的黏土眼睛和珠子眼睛一样，使用方法相同。

提示

在粘线结的过程中，可以将眼睛凹陷处翻到上面，放置在黏性板上，可以防止没有完全凝固的胶水滴到手上。

制作鼻子

一个细节生动的鼻子对于制作羊毛毡仿真狗非常重要。为了得到一个微微发亮、有点润湿的鼻子，可以用软布磨光表面，不需要使用上光漆，那会使它看起来太过光亮。

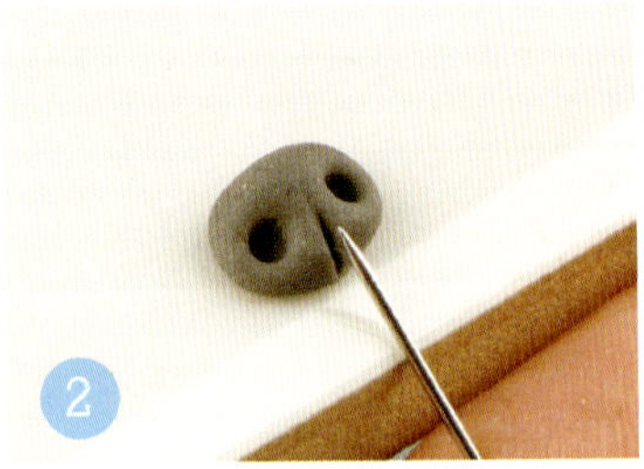

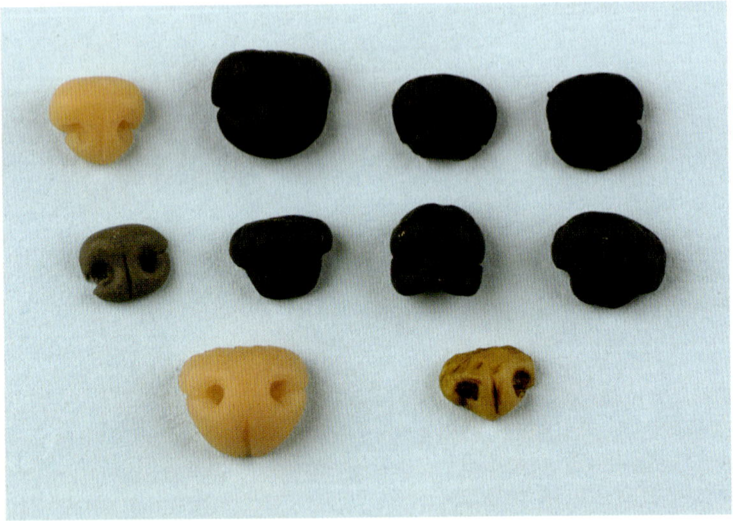

不同品种的狗狗具有不同类型的鼻子，可以尝试不同颜色的黏土和轻微地调整鼻子的形状。为了制作一些适用于大型作品或者特别种类的背面有弧度的鼻子，可以将鼻子放置在一个球形物体上烘烤。用一小块黏土固定球形物体，烘烤的过程中使其不能转动。

1 将一个黏土制作的球形放置在瓷砖的边缘处，将其调整成椭圆形，用圆头工具在两边对称的位置戳两个洞作为鼻孔。

2 在鼻孔中间到鼻子底部的位置，用针尖压出一条线。

3 用手工刀在鼻子两侧分别刻出一个向上倾斜的划痕，与鼻孔相连。

4 将鼻子的上下两部分捏紧，使上一步刻出的划痕变窄。按照说明，将瓷砖与鼻子一同放入烤箱烘烤，烘烤完成，冷却后，将鼻子从瓷砖上取下来。如果边缘粗糙，可以用指甲锉轻轻打磨。

制作H形支架

为狗狗制作一个H形支架，这样它可以随意弯曲，摆出各种你想要的姿态。如果狗狗的四肢比较纤细，担心扭棒上的绒毛会从薄薄的羊毛层中透出来，可以将绒毛拆掉，只剩下铁丝。

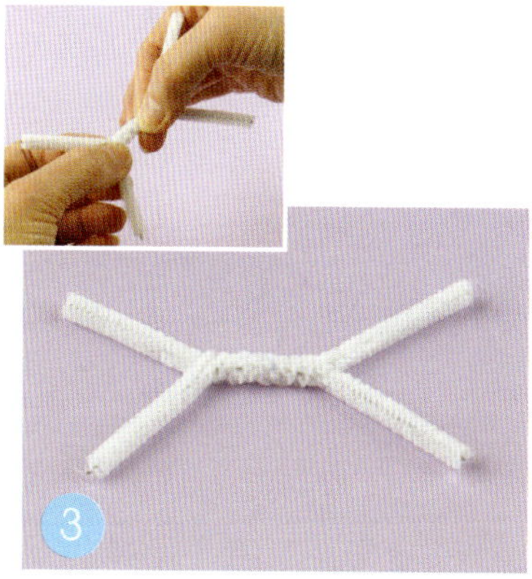

1 剪两根长度为12 cm的扭棒，用笔在每根扭棒的中心点做标记。

2 将两根扭棒在标记的中心点交叠，然后扭转在一起。

3 从中心处开始，向右紧紧地扭转三圈，然后向左紧紧地扭转四圈。

4 如图所示，调整两端的单根扭棒，使其与扭转部分垂直。它们将成为狗狗的四肢，短的是前腿，长的是后腿。

5 将H形支架置于模板上（见下图），用笔标记出爪的位置。用钳了将肢端的铁丝弯折回来，如果有必要，可以用剪刀或者剪钳修剪。

6 用钳子将弯折回的铁丝处理平整，避免尖端从作品中刺出。

示例：H形支架模板

在制作H形支架时，要不断与模板比对，确保大小正确。当你将四肢的末端弯折回来时，扭棒上蓬松的绒毛会让四肢看起来比模板长一些，请忽略那些绒毛，铁丝的长度正确即可。

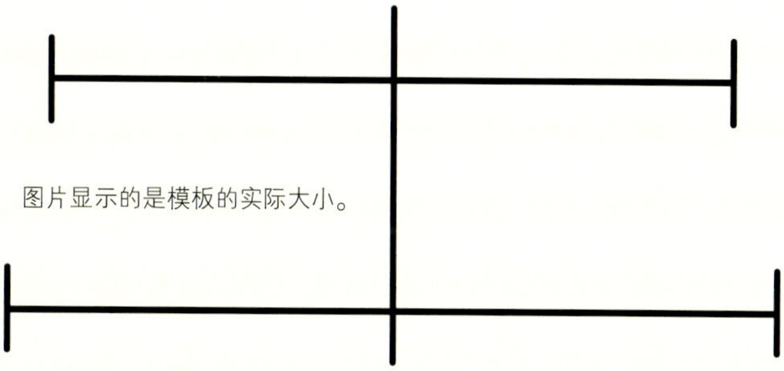

图片显示的是模板的实际大小。

羊毛毡仿真狗制作教程

制作羊毛毡针毡仿真狗的方法有很多种，有人喜欢先分别制作好头部和躯体再进行连接，有人则喜欢一体成型。在本书中我有自己的方法来制作每一只羊毛毡针毡仿真狗，当然，你也可以尝试不同的方法来进行创作。

不过我想建议大家，最好选择一种适合的方法，从头至尾，保持一致。一旦你完成了本书中所介绍的教程，便能融会贯通，创作出不同姿态（坐着的、站着的、躺着的）、不同面部细节以及不同毛发效果的羊毛毡仿真狗。认真观察狗的形态特点，用你学到的技能创作出属于自己的独一无二的羊毛毡仿真狗。

每一只狗狗的制作教程都附有一系列模板，用以核对各部分的大小、形状和位置。完成一只针毡狗之后，请从各个角度仔细地审视它。最后的调整只能通过眼睛的细致观察来完成，这也决定着完成后的羊毛毡仿真狗会呈现出怎样的模样——正如准备登台的前一刻，最后的调整决定成败！

小贴士

本书的所有教程，每一只羊毛毡仿真狗所需要的羊毛用量均被详细列出。但我仍然要提醒的是，最好能够多准备一些羊毛，以便做最终的调整或个性化创作。在制作过程中，常常会出现一些难以预料的变化，通常我会多准备1/4量的羊毛以备不时之需。无论是在何种情况下，准备充足的羊毛总是好的。

如何去除折断的戳针

如果在制作过程中，戳针折断，断掉的尖端留在了作品内，应首先用一根针插入此位置进行标记，同时准备好一个镊子。然后移走标记用针，在断针的位置，小心地挤压和弯曲作品。幸运的话，断掉的针尖会在此过程中显现出来，用镊子取出；如果针尖没有出现，恐怕就要动大手术了！

教程1：英国可卡犬

一根小小的牙签是这个微小的羊毛毡仿真狗——看家小猎犬诞生的起点。仅仅使用手指来制作微小的作品可能有些困难，但如果用羊毛缠绕细木棍进行戳刺，则会让这一任务变得轻松、容易。如果你之前从来没有尝试过针毡，英国可卡犬是一个非常好的开始。作为一个初学者，你会发现16—31页所讲解的基本技术对于完成此作品非常有帮助。

材料与工具

高支羊毛条：2个单位量的白色南丘羊羊毛、1/2单位量的黑色美利奴羊毛
戳针：36T (标准针)、38S (细针)、40S (反向戳针)
两颗小的黑色珠子
刺绣针
串珠针
黑线
小剪刀
牙签
笔
工作垫

成品大小：

身长3.5 cm，身高4 cm

难度：

初级

英国可卡犬的制作模板

模板显示的均为实际大小，虚线标示出的轮廓部分，表示此处需要挑出一些蓬松的羊毛，和其他部分相连接。

身体各部分的长度模板

将一根牙签紧贴模板，用笔在牙签上标记出身体各个部分的长度，在制作时与模板核对，确保无误。

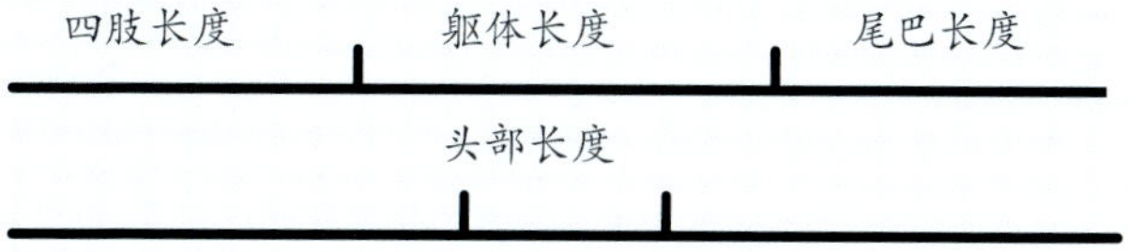

身体各部分的形状模板

这些模板显示的是身体各个部分的形状，在制作过程中要不断与之核对，以确保大小正确。

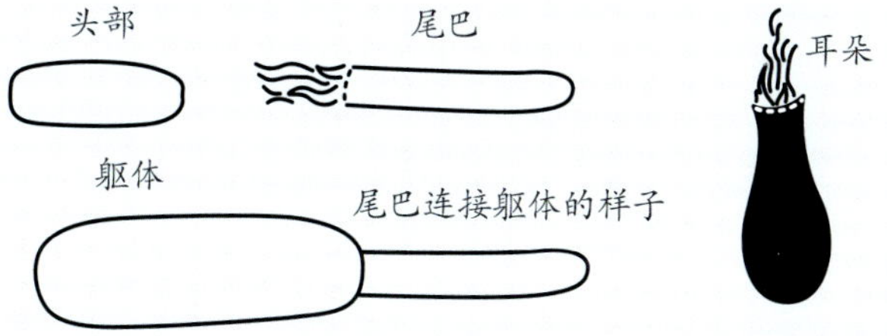

整体构型模板

模板展示的是各个部分如何组合成一个完整的构型，以及羊毛毡仿真狗的造型如何一步步完善。

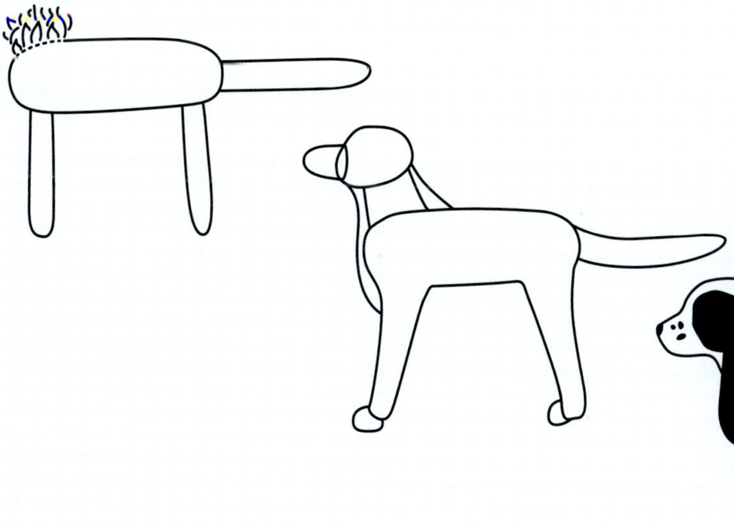

细节参考

面部细节

眼周的毛色细节

1 制作四肢：按照模板，在牙签上标记出四肢的长度，用1/16单位量的白色南丘羊羊毛缠绕牙签，运用借助细木棍进行针毡的技巧（见26—27页），依次制作完成狗狗的四肢。

2 制作躯体：在牙签上标记出躯体的长度，取1/2单位量的白色南丘羊羊毛缠绕牙签，用同样的方法进行戳刺，保留牙签不取出。

3 制作尾巴：取1/8单位量的白色南丘羊羊毛，紧贴着身体在牙签上缠绕出尾巴，用针戳刺使尾巴和身体连接在一起，依然保留牙签不取出。

4 制作头部：在牙签上标记出头部的长度，取1/8单位量的白色南丘羊羊毛缠绕牙签，用同样的技巧进行戳刺，然后把完成好的部分移动到牙签的右端。

5 取1/16单位量的白色南丘羊羊毛，缠绕在步骤4所完成部分的左半边，即1/2头的长度，并且戳刺。

6 制作耳朵：把已完成的头部从牙签上取下暂时放在一边。使用同一支戳针，取1/16单位量的黑色美利奴羊毛，用扁平戳刺的技巧制作出一只泪滴状的耳朵。平行戳刺耳朵的边缘，使其形状固定，在泪滴状耳朵的尖端留出一些蓬松的羊毛以备之后连接之用。

7 用同样的方法制作出另外一只耳朵。

8 参照模板，用刺绣针在每一条腿的顶部挑出蓬松的羊毛，用连接的技巧（见28页）将四肢与躯体相连。

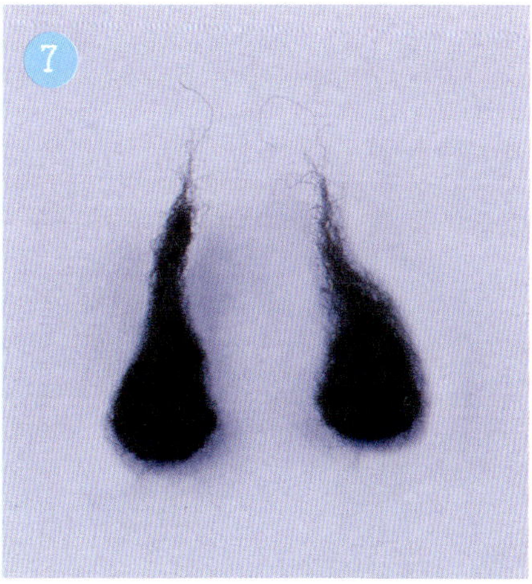

9 取1/16单位量的白色南丘羊羊毛，缠绕在腿的上部，在羊毛松散的时候先使用标准针，然后再更换细针。这是因为标准针每次戳刺拉扯的羊毛量较多，而毡化到一定程度之后，细针戳刺更加容易。依次对四肢进行此操作。

10 如果经过上述步骤，羊毛依然蓬松，可以捏住腿部，将羊毛往身体方向快速戳刺。

11 一旦羊毛毡化，就要改变戳刺的角度，确保每一条腿的上部都被均匀戳刺。

12 捏住后腿上部的羊毛，使其扁平，对这一部分进行针毡使其形状固定下来，每一条腿都需依次按此操作完成。

13 取松散的1/32单位量的白色南丘羊羊毛放置在躯体的前部（脖子的位置），并用细针轻微地固定。把之前制作的头部放置在松散的羊毛上，用标准针进行戳刺，将头部固定在此位置。不断变化戳刺的角度使其连接固定，甚至可以从两条前腿之间向头部方向进行戳刺（如图所示）。

14 将狗狗躯体内的牙签移除，取1/32单位量的白色南丘羊羊毛缠绕在脖子的位置，用标准针进行戳刺使羊毛毡化。取1/16单位量的黑色美利奴羊毛进行拉扯和堆叠，使得羊毛的走向杂乱，用细针将羊毛戳刺在头部的侧面，形成一块黑色斑纹。

15 依据模板显示的斑纹大小和位置，进行进一步修理；用同样的方法在头部的另一侧制作黑色斑纹。

16 用标准针将两只耳朵与头部连接。

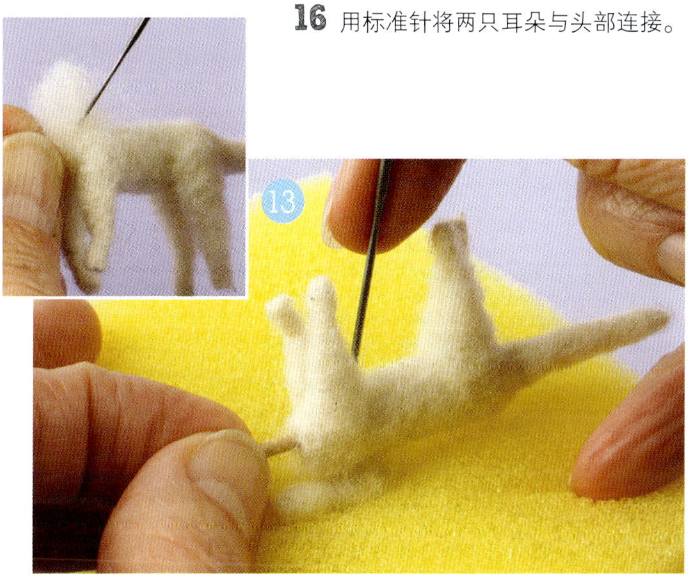

17 缝合两颗黑色珠子作为狗狗的眼睛，具体操作见32—33页。

18 用细针将1/16单位量的白色南丘羊羊毛添加在脖子的前端和胸脯位置，相应地，在脖子的后部也添加1/32单位量的白色南丘羊羊毛。

19 参照模板，对每一条腿进行再次塑形，每次大约使用1/32单位量的白色南丘羊羊毛。

20 在躯体的两侧腹部分别添加1/32单位量的白色南丘羊羊毛，注意添加的羊毛要和之前的部分自然融合，不要留下连接的缝隙。

21 依然使用细针，各用1/32单位量的白色南丘羊羊毛在每一条腿的前端针毡出爪子，然后用小剪刀修剪出恰当的形状。

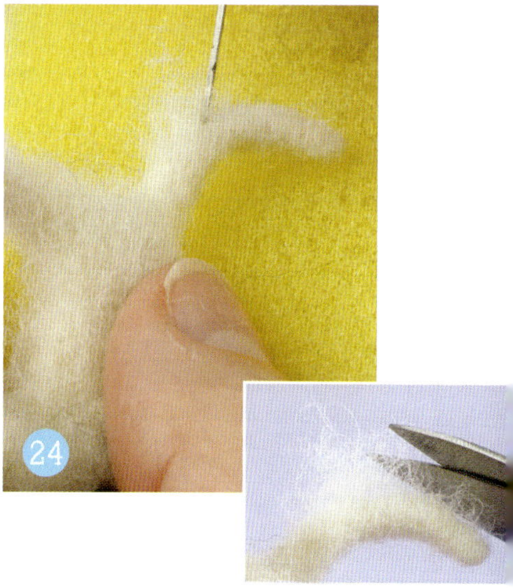

22 取1/32单位量的白色南丘羊羊毛置于脸部的两块黑色斑纹之间，从口鼻处的上方开始戳刺一直延续到后脖颈。

23 用标准针不断戳刺尾巴的中部，这样尾巴会自然向上卷曲。

24 接下来，使用反向戳针扯出尾巴上的几缕羊毛，用以模拟英国可卡犬尾巴上的长毛——这种类型的毛被称作“尾羽”。继续小心地戳刺使狗狗整体变得更加紧实并用小剪刀修剪。

25 捏住腿和躯体相连接的部分，用反向戳针和小剪刀拉扯并修剪出腿部后面的毛发。

26 取1/32单位量的白色南丘羊羊毛制作一条羊毛线，用细针把羊毛线的一端固定在英国可卡犬两条前腿之间，沿着腹部，留出一小段线圈，再次固定，不断重复此动作，在狗狗腹部形成多个羊毛线圈。

27 不断重复步骤26，用新的羊毛线从身体左右两侧的前、后腿之间进行此操作。

28 修剪羊毛线圈来形成狗狗腹部柔软的毛发。

29 取微量的黑色美利奴羊毛，用细针在狗狗的头部针毡出鼻子和嘴部。和模板进行比较，如果需要修改，请牢记，每次操作仅使用少量的羊毛，这样不容易失误。

30 检查狗狗的整个身形并做一些自己想要的调整。最后，用细针在狗狗的任意部位戳刺一些黑色斑纹。

三个小伙伴

在你完成一只英国可卡犬之后，你可能想要给它做几只小伙伴，只需要改变最后一步，戳刺不同的斑纹即可。一只除了头部的斑纹，身体是纯白的；一只在躯体上有分散的黑色斑纹；另外一只则是可爱的杂色花纹。

教程2：拉布拉多猎犬

拉布拉多猎犬的基本形态是由H形支架支撑的，当用羊毛缠绕支架，通过针毡戳刺使羊毛毡化后便能看到狗狗的雏形。以这种简便的支架塑形为基础，可以制作出各种不同种类的狗狗或其他作品。我曾经以这个支架为基础，制作过一个圆嘟嘟的羊毛毡小孩。

在外部植毛完成后，狗狗的面部才逐渐变得真实起来。珠子做成眼睛，扭曲的羊毛线做成眼睑，鼻子和微笑的表情都很容易通过针毡完成。这是一个适合初学者的理想教程。

材料与工具

高支羊毛条：4½单位量的白色南丘羊羊毛、3¾单位量的香草色美利奴羊毛、1/4单位量的米黄色美利奴羊毛、1/4单位量的黑色美利奴羊毛

戳针：36T (标准针)、38S (细针)

两颗直径为3 mm的黑色珠子

刺绣针

串珠针

黑线

两根12 cm长的扭棒

剪钳或者锋利的剪刀

羊毛刷

钳子

笔

描图纸

工作垫

尺子、牙签

成品大小：

身长5 cm，身高7 cm

难度：

初级

拉布拉多猎犬的制作模板

模板显示的均为实际大小，虚线标示出的轮廓部分，表示此处需要挑出一些蓬松的羊毛，和其他部分相连接。

H形支架模板

H形支架包括躯体和四肢，在制作过程中用羊毛包裹起来，见本书52页制作步骤 2 和 3

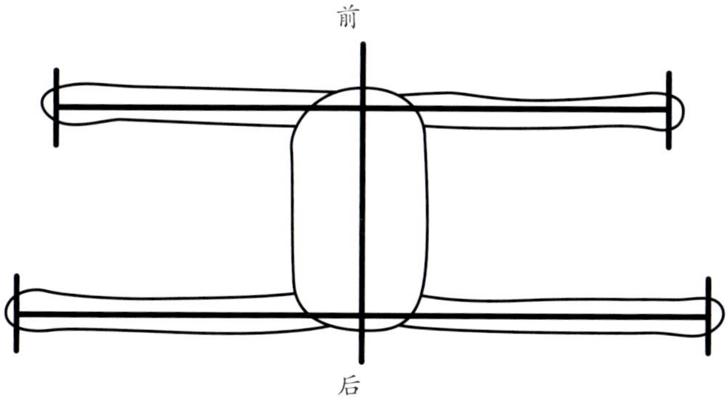

面部细节参考

身体各部分的形状模板

这些模板显示的是身体各个部分的形状，在制作过程中要不断与之核对，以确保大小正确。

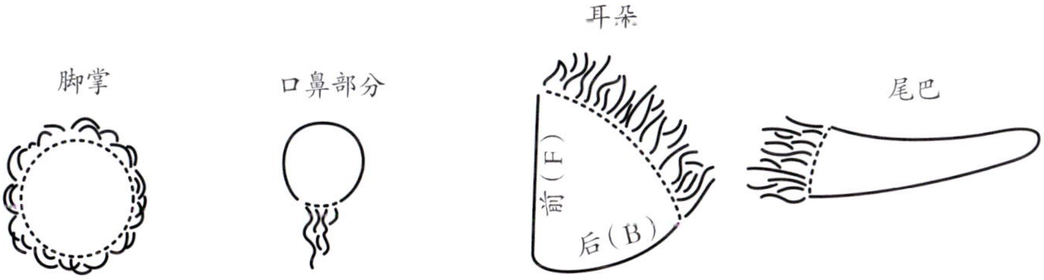

整体构型模板

模板展示的是各个部分如何组合成一个完整的构型，以及羊毛毡仿真狗的造型如何一步步完善。

1 依照模板，用扭棒制作一个H形支架（制作方法见37页）。取1/16单位量的白色南丘羊羊毛，用细针将其戳刺成一个圆盘状，注意使圆盘内部毡化紧实，外部保持蓬松和毛糙。

2 用同样的方法制作出另外三个圆盘，用标准针将圆盘戳刺在H形支架四肢的顶端，将圆盘中心厚实的部分作为脚掌心。

3 用1/8单位量的白色南丘羊羊毛缠绕在支架的腿部，用标准针戳刺使其毡化固定，在四肢全部完成之后，用1个单位量的白色南丘羊羊毛缠绕躯体部分，进行戳刺。

4 用1个单位量的白色南丘羊羊毛制作一个球形作为狗狗的头部，用刺绣针穿入几股线，将头部和躯体松垮地连接起来（见28页），头部要固定在正确的位置。

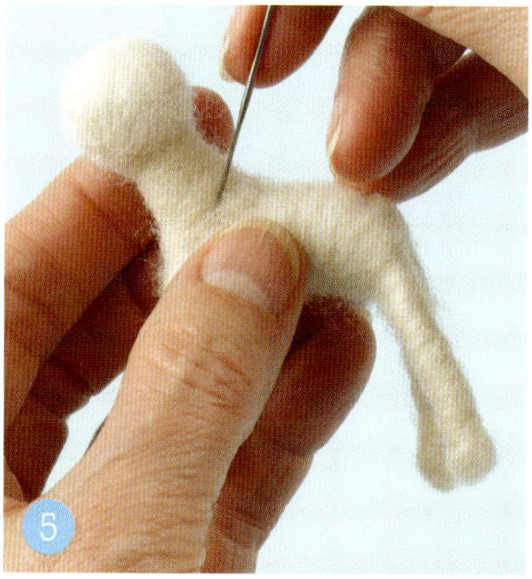

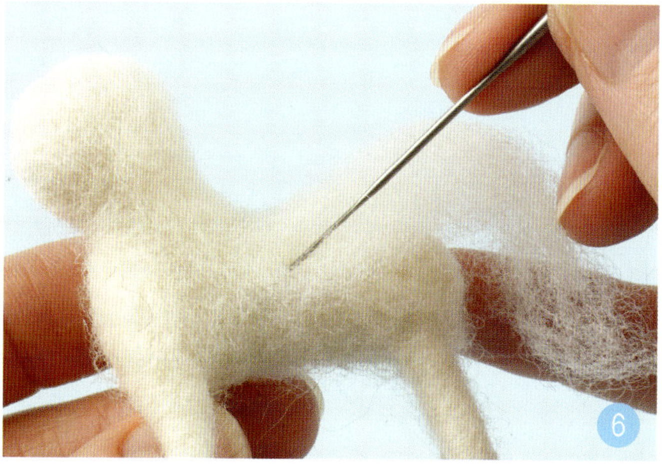

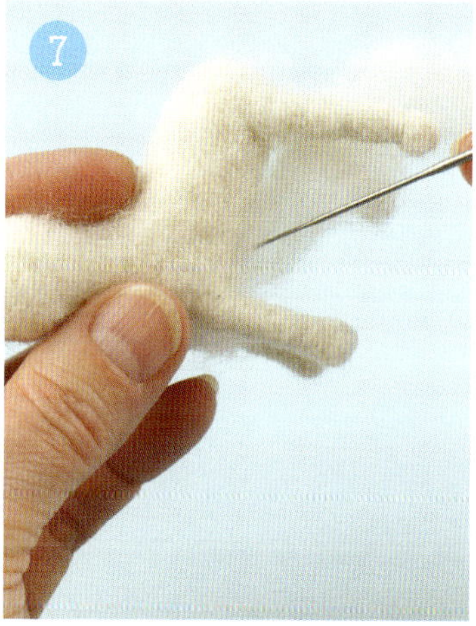

内部塑形完成，等待进一步的外部植毛和细节刻画。

5 将1/4单位量的南丘羊羊毛缠绕在脖子处，戳刺固定。从不同的角度进行戳刺，确保头部、脖子和躯体牢固地连接在一起。

6 取三份1/4单位量的南丘羊羊毛，分别将它们添加在胸部、臀部及背部，用标准针戳刺使其毡化，在此过程中不断与模板核对，确保形态正确。

7 取1/4单位量的南丘羊羊毛添加到狗狗的腹部，用标准针一边戳刺一边修饰出想要的形状。

8 接下来，分别用1/8单位量的南丘羊羊毛修饰四肢与躯体连接的部分。

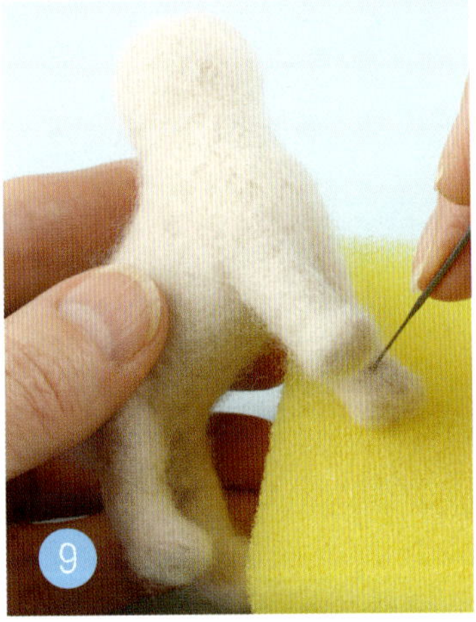

9 用细针戳刺，将香草色美利奴羊毛覆盖狗狗全身，具体各部分的用量如下：头部1/2单位量；脖子1/8单位量；后背1/4单位量；腹部1/4单位量；胸部1/4单位量；臀部1/4单位量；每条腿1/8单位量；每只爪子1/16单位量。

10 如图所示，正确弯曲狗狗的后腿，用手即可，钳子可能会造成对羊毛的损坏。

11 将狗狗的姿态摆好后，用细针分别戳刺1/16单位量的香草色美利奴羊毛在前腿与躯体连接的肩胛部和后腿与躯体连接的腹股部。

12 用1/8单位量的香草色美利奴羊毛制作一个球形，用标准针把球形连接到狗狗的头部前方作为口鼻部分。再用1/8单位量的香草色美利奴羊毛环绕口鼻与头部的连接处，通过戳刺使两者间的过渡平滑自然。

13 用刺绣针缝合两个黑色珠子作为眼睛，方法见32—33页。

14 给狗狗制作眼睑，用1/32单位量的香草色美利奴羊毛制作一根羊毛线，用标准针将羊毛线的一端固定在眼角处，用手扭转羊毛线，同时让羊毛线贴合眼珠形成一个弧度，在眼角另一端将其固定，减去多余部分。

15 用同样的方法为另一只眼睛制作眼睑。然后使用细针将眼睑戳刺固定。接下来，用微量的黑色美利奴羊毛在眼睑下方，沿着眼珠一周，用细针戳刺固定。

16 取1/32单位量的黑色美利奴羊毛制作狗狗的鼻子。在用细针针毡的过程中，先戳刺固定鼻子的边缘，然后再制作中间部分。这样的好处是既可以制作出一个清晰的边缘，又能保证中间有足够多的羊毛来塑造出鼻子的形状。

17 鼻子完成之后，制作一根细的黑色羊毛线，将一段固定在鼻子下方中间。

18 用细针和余下的黑色美利奴羊毛戳刺出狗狗的嘴部细节。

19 在描图纸上复制出耳朵的模型，标记出前（F）、后（B）。将1/8单位量的香草色美利奴羊毛和1/8单位量的米黄色美利奴羊毛均匀混合并分成两等份。将耳朵的模板和其中一份混色后的羊毛放置在工作垫上，用标准针戳刺羊毛，依据模板塑造出耳朵的形状。

20 保持边缘连接部位的羊毛蓬松，戳刺其他地方使其变紧实。将模板放置在大体成型的耳朵上方，沿着前后的边缘线进行修剪，去掉多余部分。

21 用同样的方法制作另外一只耳朵，用标准针戳刺边缘连接处的蓬松部分，将耳朵和头部连接在一起。在连接的戳刺过程中，保持耳朵竖立朝上。

22 在耳朵与头部连接完成后，如图所示将两只耳朵折叠，并针毡固定。如果需要的话，用剪刀进行进一步的修剪。

23 用刺绣针在猎犬的头顶中间压出一条褶皱。如果需要的话，可以用细针修饰褶皱以达到你满意的样子。

24 取1/2单位量的香草色美利奴羊毛，借助牙签，用细针针毡出一个长2.5 cm的尾巴，把尾巴与躯体连接在一起，拉布拉多猎犬便制作完成了。如果你想让制作的猎犬更加逼真的话，可以在尾巴下面戳刺一个小洞。

小不点们

这些嬉闹的拉布拉多小猎犬都是用教程中的方法制作而成的。那只巧克力色的猎犬，使用的是深棕色美利奴高支羊毛条。

教程3：西施犬

优雅的西施犬看起来就像歌剧中的女主角，但是它的实际重量比看起来沉多了，那是因为它的内部躯体是由装满小石子的短袜制成的！为了让它闻上去和看起来一样高雅美丽，可以在碎石子中混入一些薰衣草。

它表层的毛发使用毛线制成，将毛线散开并轻柔地梳理，成品看起来非常逼真。为了得到所需要的合适的长度，在测量过程中请不要过度拉紧毛线。手工制作的眼睛和鼻子将使作品看起来更加出彩。

材料与工具

羊毛类：灰色粗毛线530 cm、白色粗毛线181 cm、1/4单位量的黑色高支羊毛条
戳针：36T (标准针)、38S (细针)
适合7—10岁儿童的灰色短袜
棉片：1.5 cm厚
缝纫线
粗线或者细铁丝
刺绣针
铁丝爪
珠针
剪刀
碎石子15 g
薰衣草（可选）
卷尺
泡沫垫
黏土鼻子（制作方法见36页）
两颗黏土制作的眼睛（制作方法见34—35页）
胶水：强力胶和白胶
长方形卡片和胶带
细木棒或者牙签
指甲锉
2 mm的钻头
细针或者刀片
羊毛刷
蝴蝶结
白线

成品大小：

身长10 cm，身高10 cm

难度：

中级，适合有一定基础的入门者

西施犬的制作模板

所有模板显示的均为实际大小。

身体各部分的形状模板

这些模板显示的是身体各个部分的基本形状，虚线标示出的是表层毛发（实线）下的内部塑形轮廓。

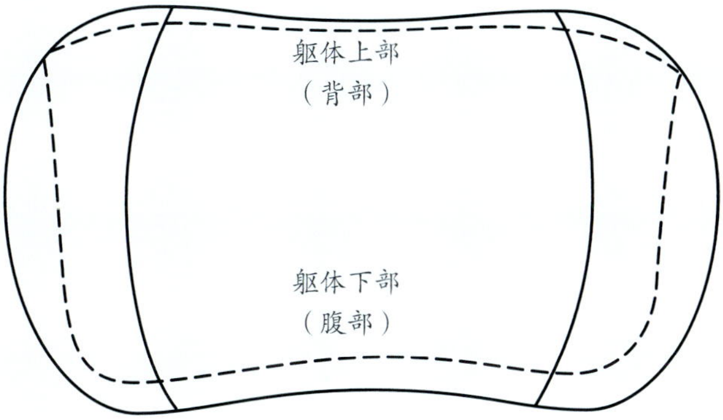

棉片模板

实线标示出的是模板的一半，加上虚线的部分则是整个模板的大小。

面部细节参考

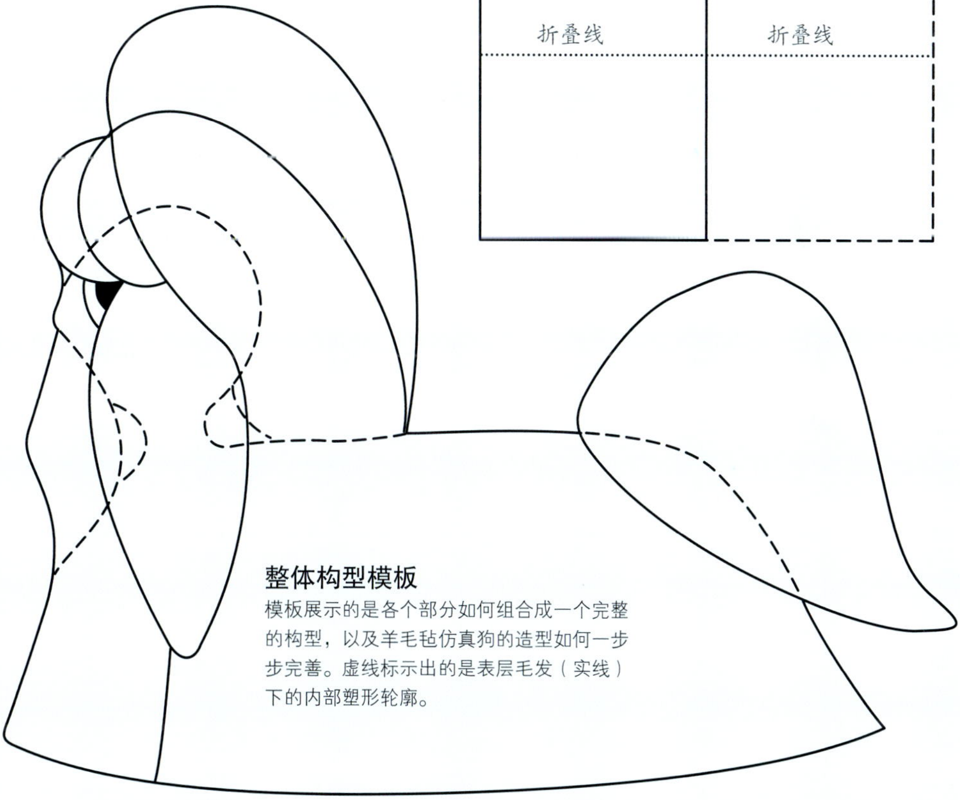

整体构型模板

模板展示的是各个部分如何组合成一个完整的构型，以及羊毛毡仿真狗的造型如何一步步完善。虚线标示出的是表层毛发（实线）下的内部塑形轮廓。

1 参照棉片模板，裁剪出一片整个模板大小和一片一半模板大小的棉片。

2 沿着模板所示的折叠线把大块的棉片折叠，形成一个小口袋，两端用珠针固定。

3 刺绣针穿入白线，缝合珠针固定的两端。

4 在小口袋中放入碎石子，也可以混合一些薰衣草。

5 将棉片余下的部分紧紧包裹小口袋，将末端缝合，形成一个闭合的碎石子袋子。

6 将闭合的碎石子袋子放置在半块棉片之上（见图示），用半块棉片紧紧包裹碎石子袋子并缝合在一起。

7 将短袜翻面，内部朝外，把碎石子袋子放置在足尖部分。卷动袜子将碎石子袋紧紧包裹。

8 在卷到袜子的末端时，将有弹性的那一段袜口回折，将之前卷好的部分包起来。

9 量取230 cm长的灰色粗毛线，在距离袜袋一端1.5 cm的地方，用珠针将线头固定在上面，缠绕12圈，在距离袜袋另一端1.5 cm的地方同样也用珠针将毛线固定。确保缠绕紧密，一圈圈的毛线之间没有空隙，注意不要剪断毛线。

10 参照模板，沿着躯体上部的线条用针线将灰色粗毛线与袜袋紧紧缝合。

11 如图所示，用珠针将毛线未缠绕的一端固定在躯体下方，珠针插在向内跨过两圈毛线的位置。

12 将毛线经由袜袋的后方翻折到躯体上方，用珠针固定，依然是在向内跨过两圈毛线的位置。不断重复此动作，在躯体上部和下部分别固定四次。

13 用针线将躯体上方新固定的毛线与袜袋牢牢缝合，暂时不要去除躯体下方的珠针，如果有长出的毛线，收拢到躯体下方，剪去多余的毛线。

14 量取70 cm长的白色粗毛线，在躯体的前端缝合线的末端并缠绕（如图示）。当所有毛线都和袜袋牢牢缝合，此时可以移走躯体下方的珠针。将所有的毛线圈从中间剪断，包括前部、后部及缠绕躯体的部分。剪断躯体下方的毛线圈时，为了确保不剪到袜子，可以插入一根木棍给剪刀留出空间。

15 用手指和铁丝爪，轻轻地拆散每一缕毛线，并收集起在梳理过程中掉落的羊毛。

16 用标准针将掉落的羊毛针毡在躯体上方，覆盖缝纫线。

17 轻柔地将躯体揉捏出形态，将其翻转过来，腹部朝上，用剪刀修剪毛发长度。请注意一定不要修剪得过短，因为之后可以再度修剪，但是要变长就不那么容易了。

18 量取30 cm长的灰色粗毛线，用羊毛刷将其梳理成蓬松的羊毛（如图）。再量取70 cm长的灰色粗毛线，并把它缠绕成球。

19 用蓬松的羊毛将毛线球包裹，并用细针进行戳刺，使其毡化成为一个羊毛毡球，作为狗狗的头部。

20 用刺绣针从羊毛毡球上挑出几缕羊毛，用标准针戳刺，将羊毛毡球与躯体连接。

21 用羊毛刷将15 cm长的灰色粗毛线梳理成蓬松的羊毛，针毡固定在后脖颈的地方。用同样多的白色羊毛针毡固定在脖子的前部。

22 用羊毛刷将6 cm长的白色粗毛线梳理成蓬松的羊毛，用标准针针毡戳刺，将其固定在头部前方。两者连接之后，改用细针对其进行塑形，刻画出西施犬的口鼻形状。

23 量取6 cm长的白色粗毛线，直接将这段毛线从口鼻上方开始由上至下环绕脖子半圈进行针毡。两侧做法相同（如图）。

24 再取6 cm长的白色粗毛线，用羊毛刷将其梳理蓬松，填充在口鼻和毛线的空隙处。

25 量取14 cm长的白色粗毛线，直接用细针将毛线的中间固定在口鼻上方，看起来像是狗狗的胡须。

面部细节图示

这几个步骤可能有一定的难度，需要不断针毡后保持作品表面光滑。本页和下页的图示，帮助你完善西施犬独特的面部细节。

23

正面

24

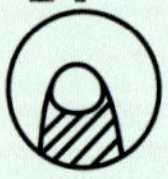

正面

25

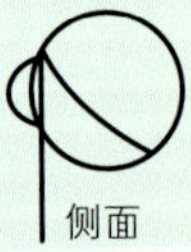

侧面

26 将一边的胡须抬起，在胡须下方的位置，植入一段8 cm长的白色粗毛线。在另一边重复此动作，然后轻柔地拆散每一缕毛线，便形成了西施犬特有的胡须。

27 制作头顶的毛发，用标准针将20 cm长的白色粗毛线的中段针毡固定在口鼻部上方。

28 取两条20 cm长的灰色粗毛线，用同样的方式固定在口鼻部上方。这些毛线将成为狗狗的眉毛和部分头顶的毛发。

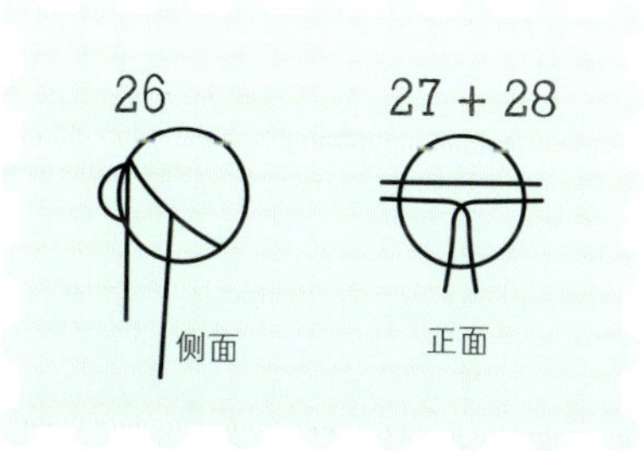

29 暂时用珠针标记出眼睛的位置，将灰色粗毛线向上倾斜，绕过眼睛上方，针毡固定，再向下折叠。

30 在另一侧重复此步骤，移除珠针，两侧灰色粗毛线均被针毡固定之后，形成一个突出的V形（如图）。

31 拆散灰色和白色粗毛线，注意不要将两者混合在一起，也不要与胡须混合。将拆散的羊毛抬起，白色羊毛形成头顶前端的毛发，灰色羊毛成为顶部侧面和后面的毛发。

32 用一段细铁丝或粗线将头顶的羊毛在大约一半长的地方扎起来。

33 如图所示，粘上两只黏土制作的水灵灵的大眼睛。

34 将一定量的灰色粗毛线梳理成蓬松的羊毛，用细针把一部分羊毛针毡戳刺在眼睛周围，并不断地调整，直到从前方看起来两只眼睛对称为止。

35 将刺绣针滑入眼睛上方的羊毛中，向前拨弄形成狗狗的眉毛。

36 用针尖刮擦黏土制作的鼻子后面，使其表面变得粗糙，然后在鼻子后面涂上白胶，将鼻子粘在口鼻处。

37 固定好鼻子的位置，用细针将6 cm长的白色粗毛线戳刺在鼻子的上方和下方。用针将多余的毛线拆散，并使其和胡须混合在一起。

38 将一定量的灰色粗毛线梳理成蓬松的羊毛，用细针将羊毛针毡戳刺在鼻子下方。用微量的黑色高支羊毛条针毡出秀气的嘴巴，并一直从嘴巴中间延续到鼻子下方。

39 量取10 cm长的灰色粗毛线，将末端拆散，把头部的毛发抬起来，将灰色粗毛线固定在头顶毛发的下面。

40 固定后，将灰色粗毛线的另一端针毡固定在脖子处，这将使得狗狗的整个后脑圆润且更加结实。

41 量取20 cm长的灰色粗毛线，从中间对折，用标准针将其针毡固定在耳朵的位置。

42 将毛线拆散，如图所示将羊毛卷曲。用标准针将另一端固定在西施犬脖子下方的羊毛中。

43 重复上述操作，做出另一只耳朵，打理整体头部的毛发直到满意为止，让其稍微覆盖到两边的耳朵。

44 分别量取15 cm长的灰色粗毛线和白色粗毛线，将两色毛线扭在一起，用铁丝爪将一端起大约2.5 cm长的毛线拆散。留出1 cm长的蓬松羊毛，用标准针对羊毛进行戳刺使其毡化，然后将蓬松的羊毛戳入狗狗的躯体后部，使其成为尾巴。

45 尾巴和躯体紧紧连接后将尾巴拆散。如果必要的话，用标准针轻轻地对尾巴塑形。

46 用剪刀修剪整个尾巴。正如提示中所讲的，最后可能还有一些不满意的地方，需要进一步地调整，你可以在需要的地方添加一些羊毛，使整体看起来更加匀称。

47 如图所示，用手指和铁丝爪修饰尾巴。最后，不要忘记在头顶毛发扎起来的地方加一个漂亮的蝴蝶结。

红布上的贵妇

西施犬看上去像一位优雅的贵妇，如果你把它用作镇纸，将会吸引很多人的目光。

教程4：博德猎狐犬

仅用美利奴羊毛做博德猎狐犬的皮毛太过单调，添加一些卷曲的南丘羊羊毛不仅可以使皮毛看起来更加真实，而且更容易针毡。反向戳针可以很轻松地制作出浓淡相间的脸颊，如果要用标准针达到同样的效果则需要数小时。最后要在它有些像水獭的头部添加上黑色小眼珠并针毡出鼻子。

材料与工具

高支羊毛条：4¼单位量的白色南丘羊羊毛、2个单位量的米黄色美利奴羊毛、1/2单位量的黑色美利奴羊毛、1/4单位量的深棕色美利奴羊毛

戳针：36T(标准针)、38S(细针)、40S（反向戳针）

两颗直径为3 mm的黑色珠子

两根12 cm长的扭棒

刺绣针

串珠针

黑线

剪钳或者锋利的剪刀

小剪刀

羊毛刷

钳子

笔

牙签

工作垫

成品大小：

身长5 cm，身高6.5 cm

难度：

中级，适合有一定基础的入门者

博德猎狐犬的制作模板

模板显示的均为实际大小，虚线标示出的轮廓部分，表示此处需要挑出一些蓬松的羊毛，和其他部分相连接。

尾巴的模板

面部细节参考

反向戳针的工作区间

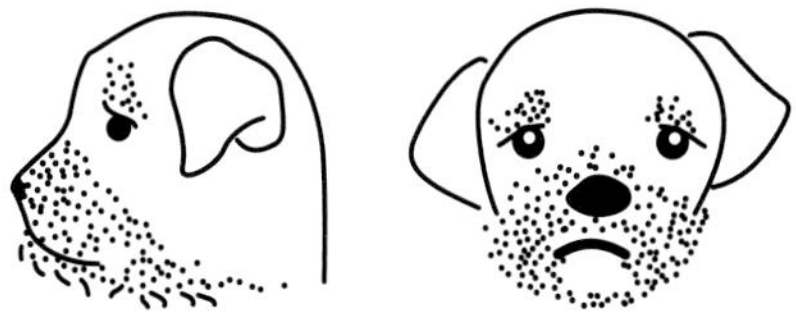

H形支架模板

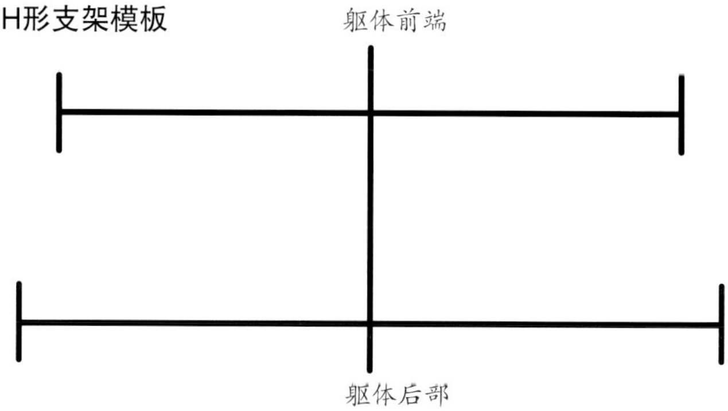

身体各部分的形状模板

这些模板显示的是身体各个部分的形状，在制作过程中要不断与之核对，以确保大小正确。

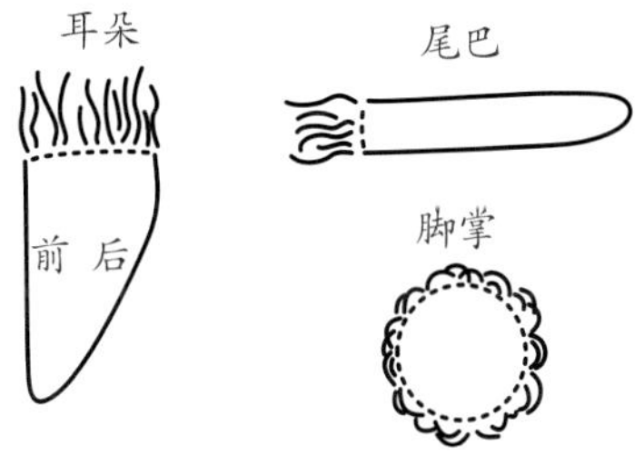

整体构型模板

模板展示的是各个部分如何组合成一个完整的构型，以及羊毛毡仿真狗的造型如何一步步完善。

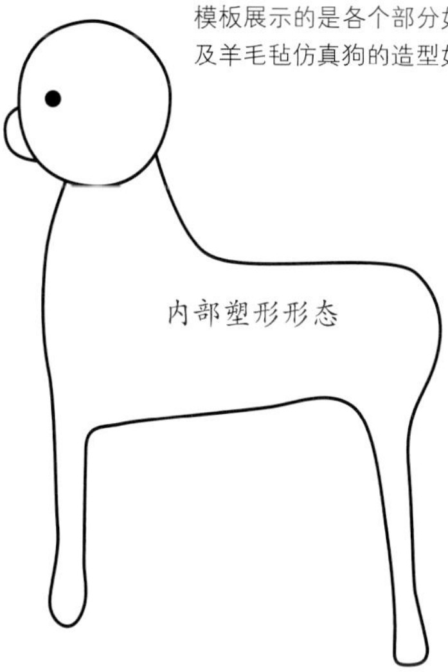

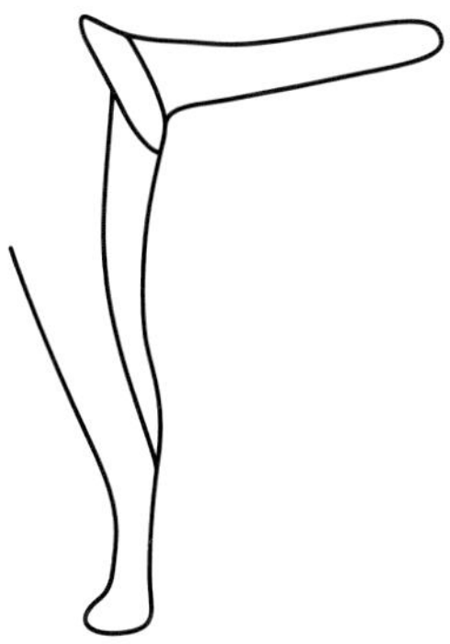

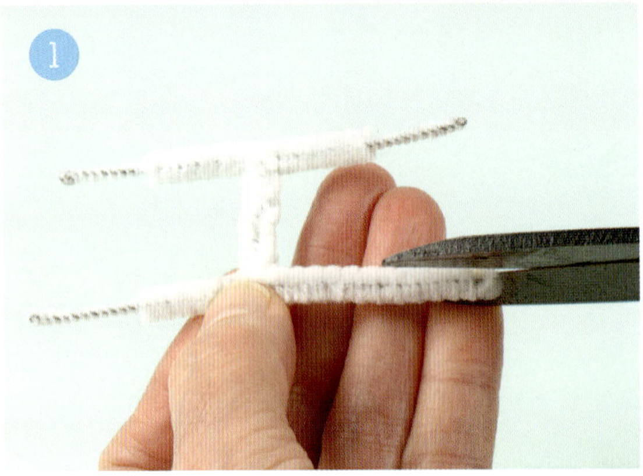

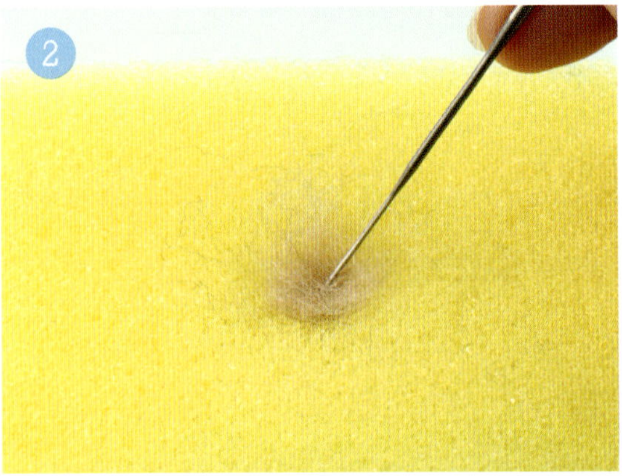

1 依照模板（见73页），用扭棒制作一个H形支架（制作技巧见37页），然后用剪刀减去支架四肢末端的绒毛。

2 用羊毛刷将4个单位量的白色南丘羊羊毛和2个单位量的米黄色美利奴高支羊毛条混合均匀。然后以1个单位量为标准分成几份，每次按教程所需取量。梳理好的羊毛被统一称为淡米色“混毛”。用细针将1/32单位量的混毛针毡成圆盘，使其外部蓬松、粗糙，内部紧实。

3 一共制作四个圆盘，用细针将每一个圆盘针毡在H形支架四肢末端，用圆盘中心厚实的地方作为脚掌心。

4 用1/8单位量的混毛包裹支架的腿部，并针毡戳刺固定，依次完成四肢。确保四肢粗细均匀，大小一致。如果不一样的话，取少量的羊毛进行调整。

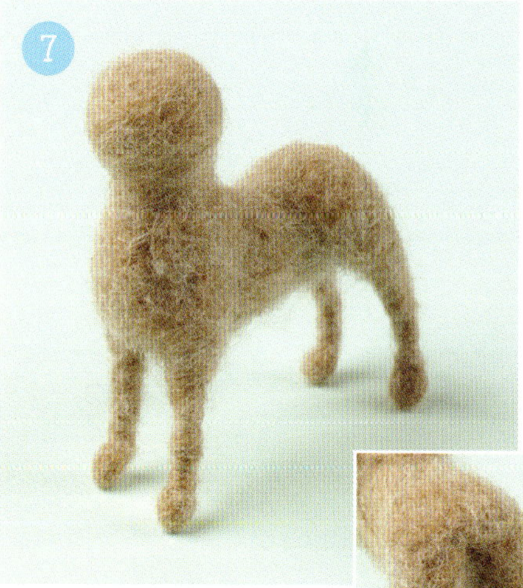

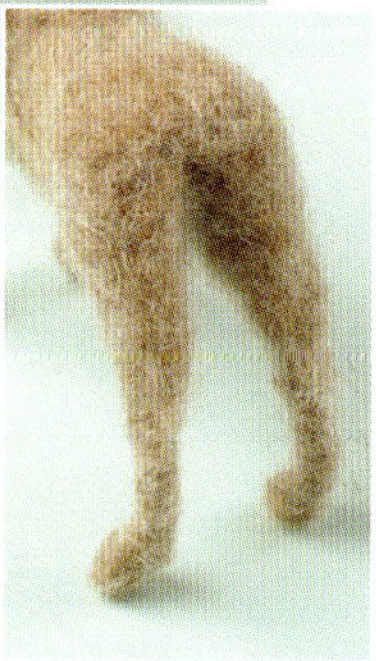

5 用1个单位量的混毛包裹躯体，针毡戳刺使其毡化。用1/2单位量的混毛制作一个球形作为头部，将头部和躯体前端连接。通过检查四肢长度是否一致来判断头部是否连接在正确的位置。

6 依据模板继续进行调整，将1/4单位量的混毛缠绕在躯体和头部连接的脖子处，用1/4单位量的混毛添加在胸部，还有1/8单位量的混毛针毡在臀部。先用标准针戳刺固定，再更换细针继续进行戳刺。

7 用同样的戳针和技法，将1/8单位量的混毛针毡在腹部，让较多量的毛方向朝下；然后添加1/8单位量的混毛在躯体与四肢的连接部分，包括肩胛和腹股。博德猎狐犬有着相当笔直强壮的后腿，需要在后腰腿处增加更多的羊毛作为肌肉。用1/16单位量的混毛塑造肌肉，如图所示，注意在臀部的位置留出凹陷。

8 参照模板，用“借助细木棍进行针毡”的方法（见26—27页）做出2.5 cm长的尾巴。所用到的材料包括细针、牙签和1/8单位量的混毛。

9 将尾巴末端大约0.5 cm长的羊毛拆解松散，用标准针将尾巴和躯体连接。取1/32单位量的混毛环绕在尾巴和身体连接的部分，用细针戳刺，使连接更加牢固。

10 用细针将1/32单位量的混毛戳刺在口鼻处，看你想让狗狗面朝何处，可以将口鼻部戳刺在面部前方不同的位置。

11 按照32—33页的演示，将两颗直径为3 mm的黑色珠子作为眼睛。用细针将1/8单位量的蓬松混毛覆盖后脑漏出的缝线并调整头部的形状。

12 取1/8单位量的黑色美利奴羊毛，开始制作小猎犬独一无二的花纹。制作脑袋后面淡淡的花纹，取出微量的黑色美利奴羊毛制作一个蓬松的羊毛毡网，然后再用细针将羊毛毡网针毡戳刺到后脑位置。

13 制作深色花纹，用较多量的黑色美利奴羊毛，在整个躯体的后背和侧边针毡花纹。

14 将大片花纹固定在躯体上，用刺绣针从花纹的边缘挑出一些蓬松的羊毛，然后用细针将蓬松的羊毛一丝一丝针毡戳刺到躯体中。

提示

这些步骤中羊毛的用量都是预估的——这取决于作品的大小以及你想制作的花纹颜色的深浅。请依据你所喜欢的样子，自主选择黑色美利奴羊毛的用量。

15 对于制作小猎犬前胸和脖子处的花纹，1/16单位量的黑色美利奴羊毛足够了。用1/32单位量的黑色美利奴羊毛针毡在尾巴上面和下方的臀部凹陷处，另外取1/16单位量的黑色美利奴羊毛制作口鼻部分和眉毛。

16 用细针将1/16单位量的白色南丘羊羊毛针毡戳刺在胸部花纹的地方。

17 用反向戳针戳刺躯体包括胸部所有的花纹，轻柔地戳刺，避免带出过量的羊毛。

18 更换细针，在刚才反向戳针工作的区域针毡戳刺，从而形成博德猎狐犬独特的毛发纹理。不要将表面戳刺得太过光滑，有轻微的毛糙是最好的效果。在黑色斑纹的边缘拉扯出一些羊毛，确保浅色和深色部分过渡自然。

19 用一根细的反向戳针戳刺其余的黑色部分（见图），包括头部后面的浅黑色部分，然后更换细针，用之前同样的方式进行操作。

20 用细针将1/32单位量的黑色美利奴羊毛针毡出鼻子。然后用1/32单位量的白色南丘羊羊毛在口鼻处的下方针毡出下巴。将白色下巴的周围戳刺毡化，保持中心的羊毛骄傲地立着。

18

19

20

21 依然使用细针和少量的黑色美利奴羊毛，沿着白色下巴区域上方针毡出唇线。然后沿着眼球上方针毡出深色眼线，让两边眼线向下倾斜，制作出博德猎狐犬特有的面部。如果需要微调头部形状，可以用刺绣针的针尖在口鼻处挑出一些羊毛。

22 用羊毛刷将1/32单位量的黑色美利奴羊毛和1/32单位量的深棕色美利奴羊毛混合在一起，成为1/16单位量的极深的棕色美利奴羊毛。按照73页的模板，用混合后的羊毛针毡出两只耳朵。用平行针毡法戳刺耳朵的前后边缘，保持连接处的羊毛蓬松。用标准针针毡戳刺将耳朵与头部连接（如图）。一旦连接之后，不断戳刺耳朵与头部连接的中间部分，使中间凹陷让耳朵自然卷曲。

23 修整耳朵的后面，重复以上步骤调整另外一只耳朵。用刺绣针沿着头部的中心线压出一条皱纹，然后用针尖在压痕附近挑出一点绒毛。

蓄势待发！

拉出更多的浅色羊毛可以让小猎犬的面部细节更加清晰可见。在眼睛的上方，羊毛是被反向戳针拉扯出来然后又被轻轻针毡回去的；而口鼻处则是用反向戳针拉扯出一些羊毛，然后用小剪刀修剪造型。

同时还可以做一些灵活的造型，比如为你的小猎犬制作一条小围巾。只需将一小块方形布料浸泡在稀释的白胶中，用绳子制作一个项圈，把方形布料沿着项圈对折。用闪亮的配饰做一个结扣。将潮湿的小围巾系在一个圆柱状物体上干燥，再添加一个小扣子，这样它就完成了哦！

教程5：标准贵宾犬

这只优雅的大型羊毛毡针毡仿真狗先借助细木棍完成各个基础部分，然后再将各部分连接。在基础的形体塑造完成后，用捻线方式将直线制作成卷曲的外部毛发，从而达到很好的仿真效果。虽然制作卷毛需要花费大量时间，但仍然是一项非常值得学习的技术。如果你不打算给狗狗全身覆盖卷毛，那么你可以假设它刚刚剪短了毛发，只留下头顶和腿部的卷毛！

材料与工具

高支羊毛条：32个单位量的白色南丘羊羊毛、1个单位量的黑色美利奴羊毛
戳针：36T (标准针)、38S (细针)
两颗直径为4 mm的黑色珠子
刺绣针
串珠针
珠针
黑线
小剪刀
细木棍
笔
速粘白胶
工作垫
黏土鼻子（制作方法见36页）
羊毛刷
白线
弯头剪刀

成品大小：

身高14 cm

难度：

中级，适合有一定基础的入门者

标准贵宾犬的制作模板

模板显示的均为实际大小。

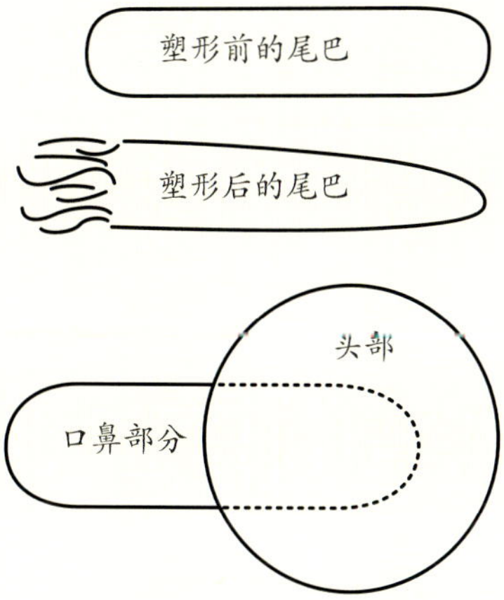

身体各部分的长度模板

模板所标记的身材各部分长度都是从最左端开始到记号处截止。

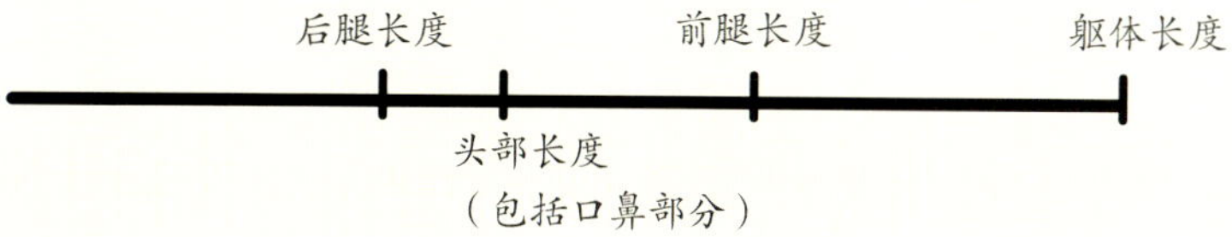

身体各部分的形状模板

在制作过程中通过不断与模板核对，确保大小正确。虚线表示的是连接后被隐藏的或被表层毛发覆盖的部分。

整体构型模板

模板展示的是各个部分如何组合成一个完整的构型。在模板中，后腿蜷曲部分的角度以及腿和蜷曲的部分该如何连接应多加注意。

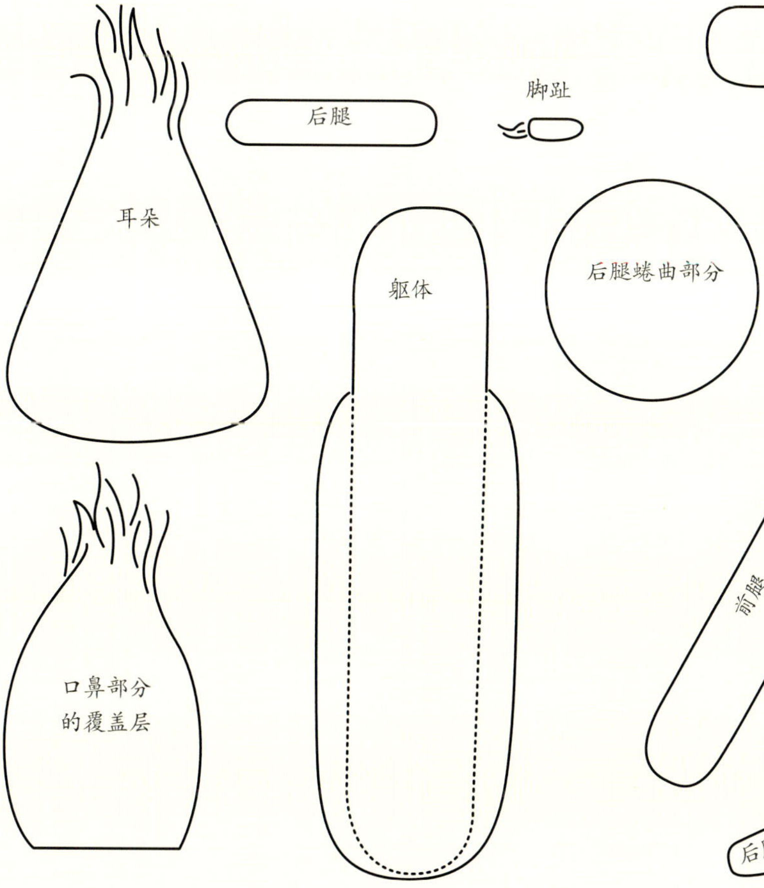

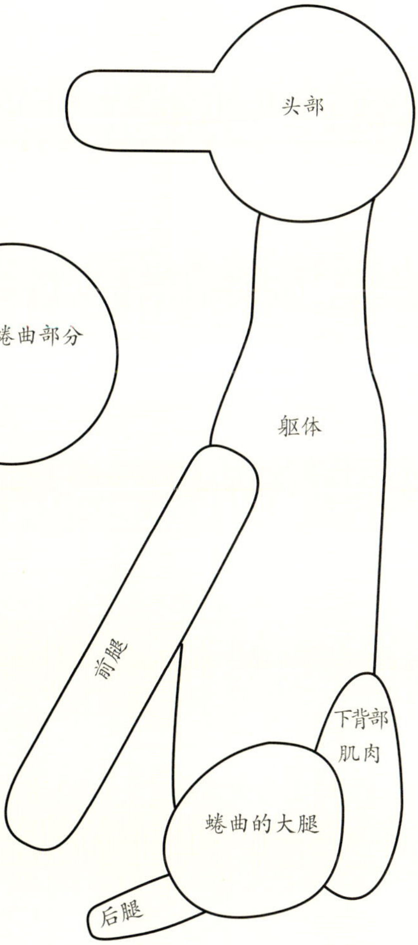

1 将1个单位量的白色南丘羊羊毛缠绕在细木棍上，用标准针针毡戳刺出长度为4 cm的圆柱体（方法见26—27页），作为口鼻部分。与83页的模板进行对照，在羊毛开始毡化后改用细针继续戳刺。

2 将2个单位量的白色南丘羊羊毛缠绕在圆柱体的一半长度上，用标准针将其戳刺成球形，并使球形和圆柱体紧密相连。在羊毛毡化后，去掉木棍，更换细针继续戳刺，使球形更加紧实。

3 通过拉扯和堆叠的方法，将1/4单位量的白色南丘羊羊毛调整到10 cm长。将羊毛放置在工作垫上，将刺绣针压放在羊毛的中间位置，用戳针沿着以刺绣针为导向的中心线进行戳刺。

4 将羊毛从工作垫上取下，进行对折，确保上部朝外。把折叠好的羊毛重新放置在工作垫上，用细针将中心线的两端向内戳刺，使其长度为2 cm。口鼻部分覆盖物就完成了。

5 通过拉扯和堆叠的方法，将1/2单位量的白色南丘羊羊毛调整到9 cm长，然后将其对折，用细针轻轻戳刺松散的边缘，一只耳朵完成。用同样的方法完成另一只耳朵。

6 制作身体的圆柱体，将5个单位量的白色南丘羊羊毛缠绕在细木棍上，用标准针戳刺使其成为一个长度为9 cm的圆柱体。

7 将3个单位量的白色南丘羊羊毛缠绕在身体的圆柱体上，留出大约2.5 cm的长度作为脖子，用标准针将缠绕的羊毛戳刺毡化。

8 更换细针继续戳刺，使缠绕的羊毛更加紧实，然后将细木棍移除。

9 用1个单位量的白色南丘羊羊毛制作一个直径3 cm的球形，一共制作3个，然后用标准针分别将其戳刺成圆盘状，以便作为蜷曲的大腿和下背部肌肉（注意参照模版，确保大小合适）。

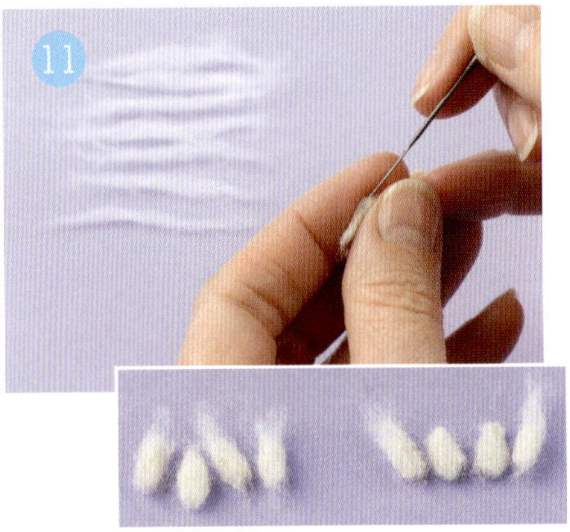

10 借助细木棍制作两条6 cm长的圆柱体作为前腿，每条前腿用$1\frac{1}{2}$单位量的白色南丘羊羊毛。然后用同样的方法制作两条3 cm长的圆柱体作为后腿，每条后腿用1/4单位量的白色南丘羊羊毛。和之前一样，先用标准针戳刺使其快速毡化，然后更换细针进行修饰。

11 将1/8单位量的白色南丘羊羊毛平分成八份。分别将每一份放置在工作垫上，针毡戳刺使其毡化成团，用手指搓捏成脚趾状，然后用细针戳刺使羊毛毡化紧实（如图）。

12 用1/2单位量的白色南丘羊羊毛，借助细木棍制作一条4 cm长的尾巴。将细木棍移除，用手指搓捏去除杂毛，用针戳刺尾巴的一端，制作出尾巴尖的效果。躯体的各部分准备妥当，暂时先把它们放置在一边。

13 将口鼻部分的覆盖物用珠针固定在头部伸出的前方（也就是口鼻部分），用针戳刺。

14 用标准针戳刺覆盖物，使其边缘与头部、与口鼻部分自然衔接，在针毡的过程中，可以用大拇指顶住口鼻部分的前端。

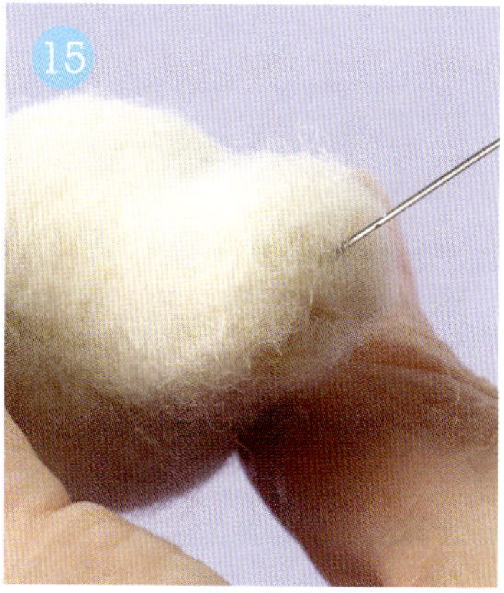

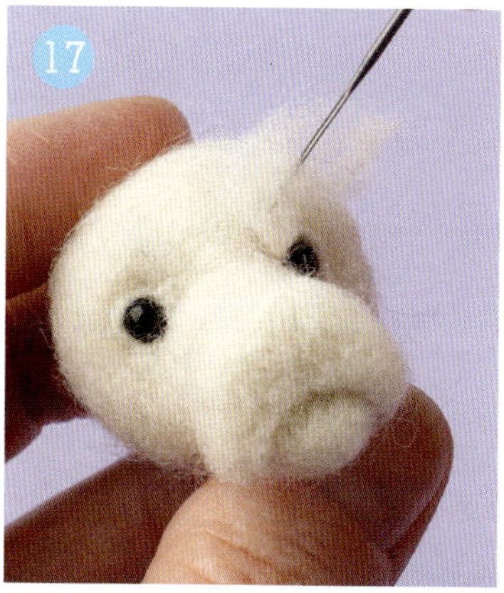

15 更换细针，将覆盖物塑造成贵宾犬嘴巴上部的形状。将1/8单位量的白色南丘羊羊毛添加到口鼻部分的顶端并将其塑造成鼻子的形状。

16 依照32—33页讲述的技巧，将两颗直径为4 mm的黑色珠子缝在眼部作为眼睛，用1/4单位量的白色南丘羊羊毛覆盖后脑，掩盖黑色缝线并重塑后脑的形状。

17 接下来，用1/32单位量的白色南丘羊羊毛制作一根羊毛线。用标准针将羊毛线的一端固定在内眼角处，搓扭羊毛线使其更加结实，用细针沿着眼珠的上方戳刺固定羊毛线形成上眼睑，依然使用细针，将多出的羊毛线戳刺到眼睛的上方区域，使其成为眉毛。用同样的方法制作另一只眼睛。

18 用羊毛刷将3/4单位量的黑色美利奴羊毛和1/4单位量的白色南丘羊羊毛均匀混合成深灰色的羊毛。用细针将少量的深灰色羊毛戳刺到内眼角以及眼睑和眉毛之间的区域，注意制作过程中不要弄乱上眼睑。

19 将一块微小的白色南丘羊羊毛毡网覆盖在眼部的灰色羊毛区域，依然使用细针轻轻戳刺，使灰色变淡。用剪刀修剪，然后将一小点黑色美利奴羊毛戳刺在眼角处，使眼睛看起来形似杏仁。

20 将1/32单位量的深灰色混毛一分为二。用细针将一半混毛在鼻子的部位戳出一个三角形，然后用标准针将剩余的另一半戳刺成唇线，如图所示。

21 用针在黏土鼻子的背后划出痕迹，使其变得粗糙，然后在背面涂上速粘白胶，把鼻子粘在灰色三角区域上，注意鼻子朝前略向下倾斜。用手压着鼻子，避免移动。用细针将1/32单位量的白色南丘羊羊毛填充在黏土鼻子的上方，覆盖灰色三角区域，使得深灰色减淡并让鼻子看起来更加立体。完成这些步骤之后，将头部暂时放置一边。

22 用细针将1/16单位量的白色南丘羊羊毛戳刺在前腿的末端，形成一只前爪。

23 刺绣针穿入白线从脚底中心刺入，从腿部和脚掌连接的地方穿出，绕过脚趾部分，将其一分为二（如图所示）。

24 取出两个之前做好的脚趾，将两个脚趾放在脚掌两边，用细针戳刺将脚趾与脚掌连接。

25 将微量的深灰色混毛针毡在各个脚趾之间。

26 用细针从两侧戳刺脚掌，使脚趾并拢。用少量的深灰色混毛在脚底中心戳刺一块较大的肉垫，然后在周围，即四个脚趾下面分别戳出小肉垫（如图所示）。

27 用同样的方法制作另外三条腿的脚掌、脚趾以及肉垫等细节。

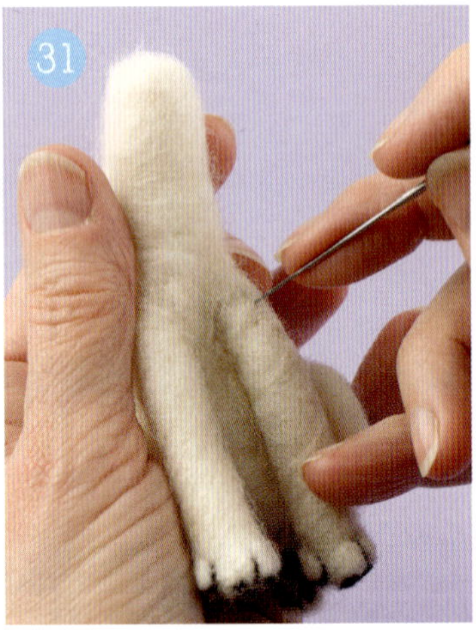

28 取出步骤9中制作的三个羊毛毡圆盘。用标准针将其中两个针毡戳刺到身体底部。将其中一个整个戳刺固定，另一个从中间戳刺固定，留下半边保持蓬松。

29 将第三个圆盘也放置在身体底部，戳刺固定边缘（如图所示）。

30 将右后腿放置在固定一半的圆盘和身体之间，用标准针将其戳刺固定；用同样的方式固定左后腿。如果需要的话，可以添加一些白色南丘羊羊毛来帮助连接。

31 用标准针将两条前腿与身体连接。为了保证连接的位置正确，在戳刺固定之前，可以摆好姿态，确保前腿触地。

32 用细针，每次添加少量的蓬松的白色南丘羊羊毛，填补大腿和后面圆盘之间的空隙，塑造出蜷曲的后腿和臀部的形状。

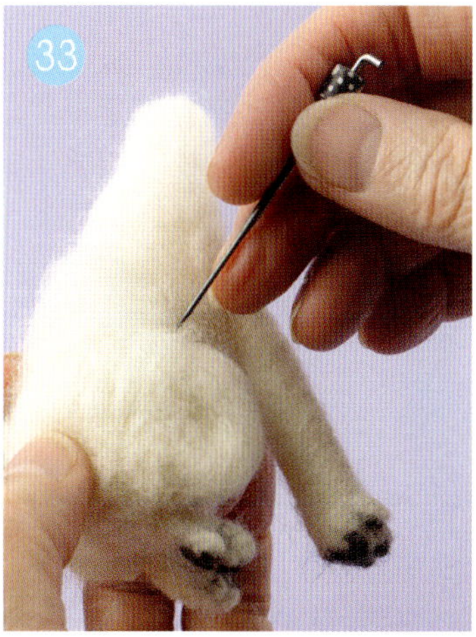

33 继续用细针和羊毛来塑造后腿和臀部。你可能需要额外的1个单位量的羊毛，甚至再多1个单位量的白色南丘羊羊毛覆盖大腿和臀部，重塑形状。注意每次填补的羊毛都要毡化在一起。

34 不断地将躯体的下半部分塑造得更加完美，然后将尾巴连接在底部（如图所示）。

35 用1个单位量的白色南丘羊羊毛，添加在身体上半部分的背部、肩胛处及脖子处；再用1个单位量的白色南丘羊羊毛添加在胸脯以及前腿与躯体连接的地方，塑造出前腿的肌肉线条。继续将1/2单位量的白色南丘羊羊毛添加在胸部，刻画出一条从腹部到胸部的独特线条。

36 用标准针将头部与身体连接。

37 将1/2单位量的白色南丘羊羊毛缠绕脖子，将其戳刺固定，更换细针进行修饰，刻画出脖子的肌肉线条。

提示

你可能想要尝试让狗狗的脸部朝着不同的方向，虽然只是一个小小的改变，却给狗狗增添了很多个性。

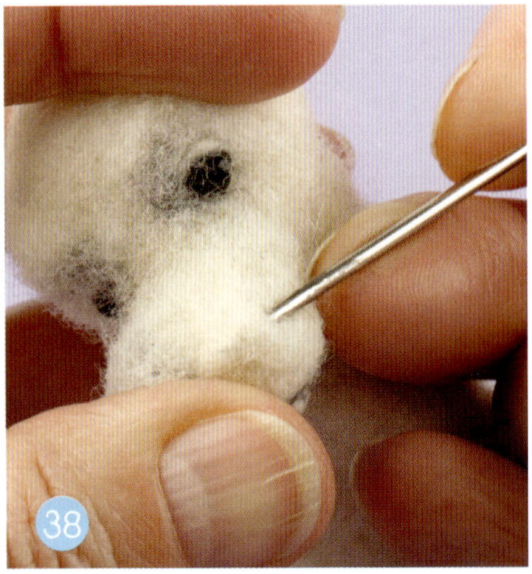

38 用一根刺绣针插入脸颊，将羊毛稍微向外拨动。

39 用1/32单位量的白色南丘羊羊毛制作一根羊毛线。将羊毛线竖直放置在脖子稍微偏离中心一点的地方，用细针将其针毡固定，将羊毛线的两端挑松，一端平顺地连接到口鼻下方，另一端则和胸部上方融为一体。用同样的方式在对称的位置制作出另外一条模仿颈部皮肤褶皱的羊毛线。

40 用1/16单位量的白色南丘羊羊毛制作一根羊毛线，用标准针将羊毛线的一端固定在头顶（如图）。用手指扭转羊毛线的另一端，直到羊毛线扭曲成结。

41 将羊毛线的另一端固定在之前固定的那一端的附近，中间的羊毛线卷曲成结，让这些卷毛结填补两端之间的区域。

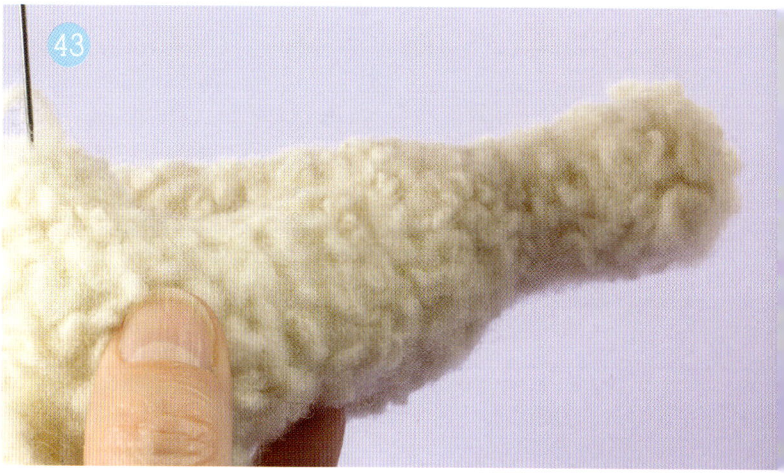

42 继续制作卷毛，直到如图片显示的一样，头顶完全被卷毛结覆盖。

43 用同样的方法，不断地制作很多的卷毛结，让卷毛覆盖脖子、背部、躯体和四肢。

44 用标准针在每个脚趾尖戳刺微量的黑色美利奴羊毛作为爪子。一旦羊毛被戳入，用弯头剪刀修剪使羊毛向下，这样看起来更接近于真实的爪子。

提示

如果你想让卷毛看上去更加柔软，可以用细针进一步戳刺卷毛结。

45 用标准针将耳朵较窄的一端连接到头部，然后用剪刀将折叠处剪开。

46 用同样的方法制作另一只耳朵。如果需要的话，用剪刀进行修剪，并且用细针轻轻将耳朵的末端靠拢身体，呈现出逼真的垂顺状态。

47 用拉扯和堆叠的方法整理出两份1/2单位量的白色南丘羊羊毛，用标准针将他们分别戳刺在尾巴根部，一个在上面，一个在下方。

48 用标准针将羊毛的四个末端分别戳刺到尾巴末端，形成四个羊毛圈。

49 取1/8单位量的白色南丘羊羊毛，将羊毛的两端分别戳刺到尾巴根部（如图）形成一个羊毛圈。用剪刀剪开所有的羊毛圈。

50 用剪刀修剪尾巴上的羊毛，使其成为一个蓬松的毛团。根据需要做一些调整，作品便完成了。

坐姿优美

图片右边的狗狗和其他的卷毛狗看起来很不一样，事实上，用蓬松的羊毛代替羊毛线就可以做出这样的效果。要确保植毛足够牢固，但也不能太过毡化，那样会让羊毛变得扁塌。如果你想给狗狗制作一个张嘴的造型，可以参考110页的讲解，然后再在它的口鼻处覆盖更多的羊毛即可。头顶的毛发要更大更蓬松，这样才能和身体相匹配，最后一定要精心修剪全身的毛发。

教程6：哈巴狗

和拉布拉多猎犬（教程见50—57页）相似，哈巴狗的制作也是从H形支架开始的，不同的是，哈巴狗的四肢是向外伸展的，呈现出它特有的休息状态。技巧运用得当的话，即便是微小的爪子，也能够刻画出来。哈巴狗前额的皮肤褶皱是一项新的挑战，就算是对于有经验的制作者来说，也是不容易做到的，不过不用担心，在反向戳针的帮助下，这项工作就变得容易多了。

材料与工具

高支羊毛条：$2\frac{1}{2}$单位量的白色南丘羊羊毛、2个单位量的香草色美利奴羊毛、1个单位量的黑色美利奴羊毛、1/3单位量的白色美利奴羊毛

戳针：36T（标准针）、38S（细针）、32S（反向戳针）

黏土鼻子（制作方法见36页）

两颗直径为4 mm的黑色珠子

刺绣针

串珠针

黑线

两根12 cm长的扭棒

剪钳或者锋利的剪刀

羊毛刷

钳子

笔

工作垫

牙签、速粘白胶

成品大小：

身长10 cm，身高4.5 cm

难度：

专业级，适合有经验的熟练制作者

哈巴狗的制作模板

模板显示的均为实际大小，虚线标示出的轮廓部分，表示此处需要挑出一些蓬松的羊毛，和其他部分相连接。

H形支架模板

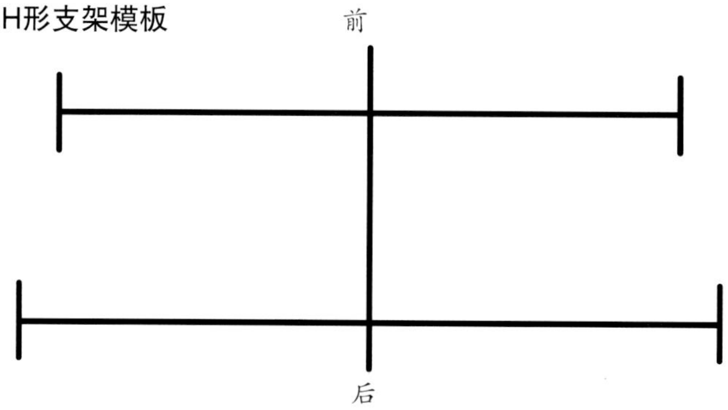

尾巴的长度模板

身体各部分的形状模板

这些模板显示的是身体各个部分的形状，在制作过程中要不断与之核对，以确保大小正确。

俯视角度的后腿位置

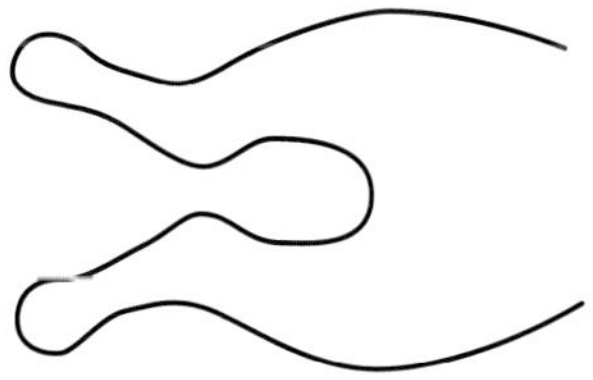

耳朵

脚掌

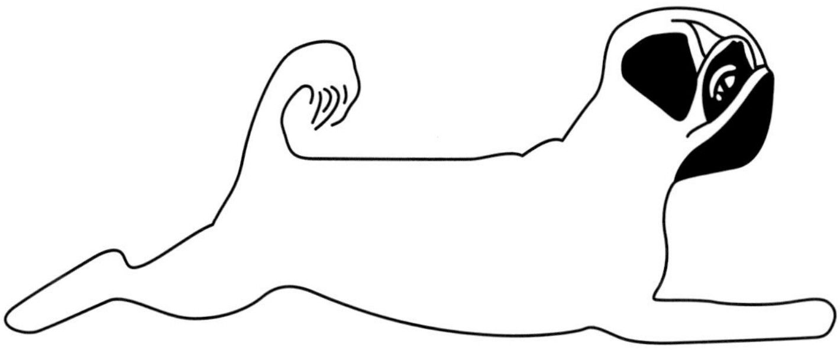

细节参考

眼睛

鼻子

1 用羊毛刷将2个单位量的香草色美利奴羊毛和2个单位量的白色南丘羊羊毛均匀混合成4个单位量的淡香草色混毛。最好能够余出一些羊毛以备调整之用。

2 依照97页的模板，用扭棒制作出H形支架。然后用细针将1/16单位量的淡香草色混毛戳刺成一个小圆盘，注意使圆盘内部毡化紧实，外部保持蓬松和毛糙。

3 用同样的方法制作出四个圆盘，用标准针将圆盘戳刺在H形支架四肢的顶端，将圆盘中心厚实的部分作为脚掌心。

4 将1/8单位量的淡香草色混毛缠绕在一条腿上，用细针戳刺使其毡化固定。依次完成四条腿之后，将1个单位量的淡香草色混毛缠绕在躯体上，针毡戳刺使羊毛完全毡化。

5 用标准针将1个单位量的淡香草色混毛制作成球形，毡化后更换细针继续戳刺，使整个球形毡化得非常紧实。

6 按照32—33页的讲解，将两颗直径为4 mm的黑色珠子缝在头部作为眼睛。因为球形戳刺得非常紧实，所以缝纫过程不会让头部变形，只需在后脑轻轻挑出一些羊毛，将缝线覆盖即可。

7 用标准针将1/8单位量的木炭灰色混毛（白色美利奴羊毛和黑色美利奴羊毛按1：3的配比混合，见30页）戳刺固定在头部前方的口鼻处，更换细针调整口鼻部分的边缘形状。

8 用拉扯和堆叠的方法将另一份1/8单位量的木炭灰色混毛调整到6 cm长。将羊毛的中间拧紧，用标准针将中间固定在鼻子位置，看起来有点像小胡子。

9 将“小胡子”的一端沿着口鼻的一侧边缘理顺，这样便形成一块凸起。

10 用细针轻轻戳刺凸起，将其固定形成一边的上颌。整个过程中，要保持“小胡子”的侧边不要超出口鼻部分的边缘。

11 用同样的方法制作另一边的上颌，调整“小胡子”的下缘，使得折痕看起来更加明显。

12 用细针将两份1/32单位量的木炭灰色混毛分别戳刺在两侧的眼周，形成一块深色斑纹。如图所示，眼周的斑纹要有一定的倾斜度，底部和口鼻部分相连接。

13 参照模板，用木炭灰色混毛制作两只大小合适的耳朵，每只耳朵的用量大约是1/16单位量。调整出耳朵的前后边缘形状，与头部连接处的羊毛要保持蓬松。

14 用标准针将两只耳朵连接到头部（如图），耳朵的造型还没有完成，我们只是需要依据耳朵的位置来塑造头部的其他斑纹。

15 用细针将1/32单位量的木炭灰色混毛戳刺成一条纹，从口鼻部分的上方开始，穿过两眼之间，在两耳之间结束。从条纹的两侧边戳刺固定，修整条纹的形状，使条纹的中间凸起。再各取1/32单位量的木炭灰色混毛，用同样的方法，沿着耳朵与头部连接的边缘戳刺两条有弧度的条纹，到面部的侧边结束。

16 用反向戳针戳刺条纹和眼部斑纹的边缘，使头部的淡香草色混毛和斑纹的木炭灰色混合在一起，同时拉扯出两色的羊毛。

17 继续调整头部的条纹，用细针将拉扯出的蓬松混毛再次戳入，这一过程不仅是将两种颜色的羊毛混合在一起，更重要的是要强化条纹的凸起。哈巴狗额头的褶皱就这样慢慢形成。

18

19

20

21

18 眼周的斑纹，要保留中心的木炭灰色，将之前拉扯出的混毛戳刺到斑纹的外缘，这样在眼周也形成一圈小小的褶皱。

19 沿着口鼻上方的边缘做出一道褶皱，从一侧的眼周斑纹与口鼻交界延伸到另一侧。

20 在这一区域，用反向戳针更深入地戳刺，拉扯出更多的淡香草色混毛。然后用细针将拉扯出的羊毛卷曲折叠戳刺，在口鼻部分的上缘形成一条白色的凸起条纹。从不同的角度戳刺调整白色条纹的形状。

21 沿着主条纹的边缘，用细针戳刺少量的黑色美利奴羊毛形成一些细条纹，从而使主条纹的凸起在视觉上更加明显。大约需要1/32单位量的黑色美利奴羊毛。

22 如图所示，在以上步骤完成之后，头部会出现两个被黑色细条纹环绕的三角区域，用细针将少量的黑色美利奴羊毛戳刺在此处。在黑色美利奴羊毛与头部完全毡化在一起之后，更换反向戳针，将三角区下方的淡香草色混毛拉扯出来。

23 用细针将少量的淡香草色混毛戳刺在前额和面部的褶皱上制造高光效果，注意高光所在的位置是褶皱的凸起部分，而不是在褶皱的缝隙之间。

24 用细针将少量的白色南丘羊羊毛戳刺在鼻子将要安放的部位；然后将两小点纯黑色美利奴羊毛分别戳刺在眼周斑纹的上方内眼角处，如图所示。

25 用黑色美利奴羊毛做一条细羊毛线，然后用细针将这条黑色羊毛线戳刺在步骤10—11做成的上颌下方嘴唇的位置。反复戳刺黑色羊毛线的下缘，使线条看起来更加突出。

26 用标准针反复戳刺耳朵正面和头部相连接的部分，耳朵会自然卷曲，向内凹陷。用细针修整耳朵背面露出的蓬松羊毛。将做好的头部暂时放在一边。

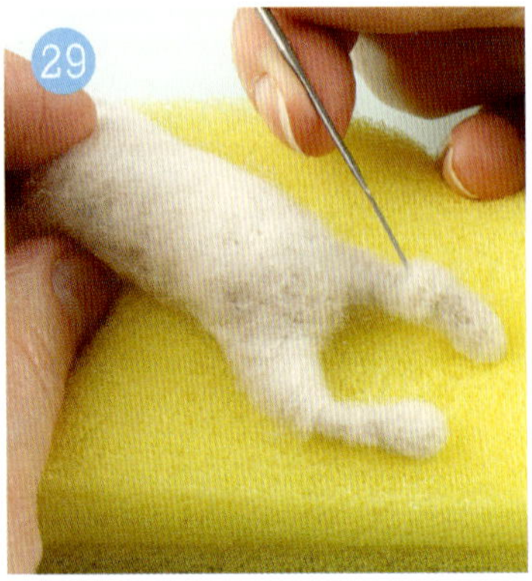

27 将H形支架的四肢正常下垂，用细针将1/4单位量的淡香草色混毛添加在臀部，塑造躯体线条。分别将1/8单位量的淡香草色混毛添加在肩胛和腹股处，过程中需要不断地参照模板，比对形状。

28 用细针不断地调整和修改躯体的肌肉线条，分别将1/4单位量的淡香草色混毛添加到胸部、背部和腹部。

29 如图所示，保持前腿笔直，将其弯到前方，后腿按图示的弧度进行弯曲。分别用1/32单位量的淡香草色混毛缠绕后腿，用细针戳刺出关节的形状。

30 在完成两条后腿关节之后，接下来要塑造的是躯体脂肪。用细针将两个1/16单位量的淡香草色混毛添加在腹部两侧，然后用拉扯和堆叠的方法将1/16单位量的淡香草色混毛调整到5 cm长，用羊毛环绕肩胛一周形成一圈脂肪。用细针戳刺使羊毛固定，不断戳刺边缘使其形成一圈凸起，用与之前相同的方法，反复戳刺下缘突出褶皱。

31 用标准针将1/8单位量的淡香草色混毛连接到脖子的位置，留出大量蓬松的羊毛。从头部后方拉扯出一些羊毛。

提示

如果在弯曲四肢的过程中出现一些裂缝，就用淡香草色混毛制作一些羊毛毡网覆盖在缝隙处，用细针戳刺使其毡化在一起。

32 用标准针将脖子和头后部的蓬松羊毛戳刺毡化，使头部和躯体牢固地连接在一起。

33 将1/4单位量的淡香草色混毛缠绕在头部和脖子连接的部分，用细针戳刺出一个粗短的脖子。将另外1/8单位量的淡香草色混毛补充在后脑，沿着后脖根进行形状调整。

34 用细针和1/4单位量的淡香草色混毛，借助牙签制作一个4 cm长的尾巴。用标准针轻轻地梳理尾巴尖。

35 用标准针将尾巴和躯体连接。

36 用细针将尾巴尖的蓬松羊毛戳刺到尾巴和躯体连接的部分，这样尾巴便形成一个环状。

37 用细针分别将1/16单位量的淡香草色混毛添加在每只后脚掌上，然后再用木炭灰色混毛在每只脚掌上塑造出各种细节，如图所示：中间是一块豆子形的大肉垫，有四个小肉垫环绕在周围。用细针将少量的木炭灰色混毛戳刺在脚趾尖端，根部和小肉垫相连，然后用剪刀修剪形状。

38 在白色褶皱下方的口鼻处，用标准针戳刺一个洞，使得自制的黏土鼻子恰好可以安置在这里。

39 用针在黏土鼻子的背面划出痕迹，使其变得粗糙，将白色速粘胶涂在背面，将鼻子固定在针毡好的洞中，这样作品就完成了。

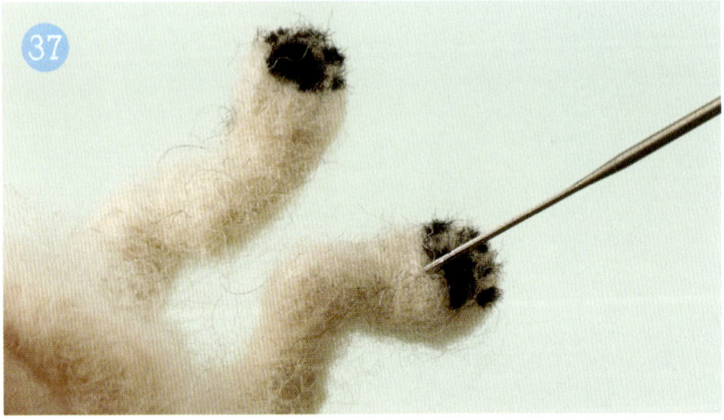

充满魅力的哈巴狗

你可以选择深色或浅色的羊毛来做哈巴狗的褶皱。如果你选择淡香草色羊毛做躯体和褶皱，那么作品的效果会如图中右手边所示。白色羊毛只适合用来做高光。在用薄的羊毛毡网覆盖褶皱的时候要小心，如果在戳刺过程中使褶皱变平，可以插入刺绣针将羊毛提起。如果你想让褶皱看起来更加突出，可以在凹陷处戳刺更多的黑色羊毛。

进阶技法

在你跟随本书完成六个教程后，一定有一件令你满意的作品。相信你一定愿意继续探索，练习技巧，制作更多动人的细节，使作品看起来栩栩如生。请大胆尝试新方法，不断修饰、调整狗狗的外观，充满创意的羊毛毡造型艺术从来就没有什么对错的标准。

设计充满个人特色的作品

如果你已经依照教程完成了所有作品，那么恭喜你，你已经掌握了制作羊毛毡仿真狗的所有技巧！现在你便可以开始运用所学到的技巧，创作其他品种的狗狗，比如下面这只西部高地白梗。我可以设计狗狗的总体造型和制作模板，也可以粗略地告诉你羊毛的用量，但是这世界上，没有任何两个手工作品是完全一样的，也没有任何模板可以做到只要依照板型就会完美。实物图片是非常好的参照，大胆地做出调整，做出自己心中真正想要的造型。

提示：

- 从各个角度拍摄你想要制作的狗狗，仔细研究。图片可以反映狗狗的真实大小和身体各部分的比例，在制作过程中可以不断与之比对。另外，你也可以画一些草图。
- 仔细琢磨一下狗狗的内部结构。例如：四肢纤细的狗狗通常需要支架来支撑。你想要实现的狗狗的姿态也会影响到内部结构的设计。
- 注意细节的刻画。如果外部毛发的花纹制作要求非常精细，那么事先要用记号笔或者缝线标记出来。
- 如果是长毛狗，首先要确保内部结构紧实、匀称，然后从下往上进行植毛，让上面的毛发覆盖下面植毛的根部。

西部高地白梗

它的制作类似于英国可卡犬（见40—49页），不同的是西部高地白梗身材矮壮，口鼻、四肢及尾巴更短。用卷羊毛圈的方式进行外部植毛，然后再用剪刀剪开毛圈，羊毛以菊花状环绕眼睛、鼻子和三角耳朵。它的尾巴根部厚实，修剪成胡萝卜状。

不同尺寸的造型

有人可能会青睐于制作大型作品，如果制作一只真实大小的吉娃娃则需要花费更多的时间。为了节约时间，可以购买一些柔软的、半毡化的材料，将其剪成条状，缠绕在支架上面，用羊毛线捆绑固定，然后继续正常针毡就可以了。

如何调整模板

你可以根据自己想要的尺寸来调整模板，需要注意的是，由于作品是立体的，如果支架变大两倍，覆盖支架所需要的羊毛的增加量要远多于原用量的两倍。相类似的，如果要缩小作品，羊毛的用量也会大大减少。只有模板大小而不知道羊毛的用量，这是一个需要你去独自面对的问题。不断尝试和积累经验，你将慢慢能够判断出羊毛的大致用量。

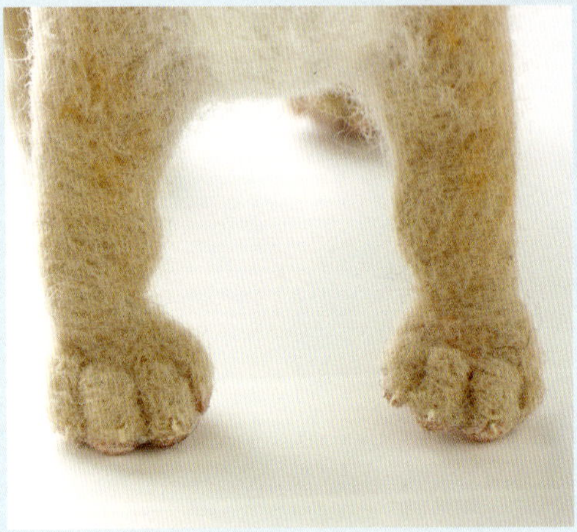

给作品添加更多的细节

在你完成一个教程或者创作了一个属于自己的作品后，你可能希望增添更多的细节来显示狗狗的个性或者使其更加逼真。

睫毛

睫毛是一个非常棒的细节，可以让作品看起来更加逼真。

1 沿着上眼睑的内边缘，植入少量、颜色匹配的羊毛。

2 将刺绣针插入稀释的白胶，用覆盖了白胶的刺绣针小心翼翼地将睫毛从根部开始进行涂抹，使睫毛覆盖一层白胶。快速地去除多余的胶水。

3 用刺绣针梳理睫毛，并用剪刀进行修剪。

提示

用纸片保护眼睛，使其不被胶水滴到。

爪子

大型作品如果拥有逼真、细致的爪子，看起来则会更加生动。这里有一种简单的方法来塑造爪子的细节。如果是小型或者微型作品，一点小小的装饰或者没有也无关紧要，毕竟对于小尺寸的作品来说，简洁是第一位的。

1 将微量的丝连接到脚趾端。

2 将刺绣针插入稀释的白胶，用覆盖了白胶的刺绣针从丝的下方进行涂抹，同时快速地去除多余的胶水。

3 在胶水变干之前，把丝捏在一起，用剪刀修剪出向下的指甲尖。

4 修剪过后，将指甲尖置于牙签上，形成自然的卷曲。如果有必要的话，可以再次进行修剪。

张嘴造型

在花了大量时间针毡好狗狗的头部后，用剪刀将口鼻处剪开是需要勇气的！针毡是一次充满了新发现的旅行，值得尝试不同的方法。

1 针毡紧实的口鼻部分，在张嘴的位置戳刺出一条线，精确标示出将要剪开的地方。

2 屏住呼吸，用剪刀沿着标示线将口鼻剪开。

3 拉扯剪开的上下嘴唇，如果有需要的话重新塑造口鼻部分，也可以添加一些你想要的细节。

4 将一条小舌头连接到张开的嘴巴中，微微露出一些。

其他配件

皇冠

皇冠是用铁丝绕圈制作而成的，为了让皇冠更漂亮，我使用了一些珠宝和贴片作为装饰。

1 在铁丝的一端留出大约2 cm的长度，将铁丝环绕珠宝贴片配件形成一个装饰造型。

2 在铁丝的另外一端留出3 cm的长度，用钳子将两端预留出的铁丝弯折回来。

3 将缠绕好的铁丝环绕圆柱体进行定型，使其成为一个环形皇冠。

4 最后用胶粘或者用铁丝串上珍珠或其他闪耀的珠子作为装饰。

帽子和发带

帽子：将已毡化的羊毛浸泡在稀释的白胶中，取出晾干并固定形状。用同样的方法可以制作出各种形状和尺寸的帽子，如图所示。你可以在上面添加各种装饰，比如：丝带、羽毛或者珠子等。

发带：首先截取一段符合狗狗头围长度的铁丝，然后串满珠子。图示中，还添加了一朵薄纱制作的花朵。

Pedigree Dogs in Needle felt
First Published in 2015 Search Press Limited
Wellwood, North Farm Road, Tunbridge Wells, Kent Tent TN2 3DR

备案号：豫著许可备字-2015-A-00000151

图书在版编目（CIP）数据

羊毛毡里的萌狗世界/（英）盖·巴顿著；鲲CiCi译. —郑州：河南科学技术出版社，2016.10
ISBN 978-7-5349-8364-1

Ⅰ.①羊… Ⅱ.①盖… ②鲲… Ⅲ.①羊毛-毛毡-手工艺品-制作 Ⅳ.①TS973.5

中国版本图书馆CIP数据核字（2016）第221567号

出版发行：河南科学技术出版社
地址：郑州市经五路66号 邮编：450002
电话：（0371）65737028 65788613
网址：www.hnstp.cn
策划编辑：李 洁
责任编辑：杨 莉
责任校对：金兰苹
封面设计：张 伟
责任印制：张艳芳
印 刷：北京盛通印刷股份有限公司
经 销：全国新华书店
幅面尺寸：190 mm × 260 mm 印张：7 字数：120千字
版 次：2016年10月第1版 2016年10月第1次印刷
定 价：39.80元

如发现印、装质量问题，影响阅读，请与出版社联系并调换。